JN105480

カウントダウン

世界の水が消える時代へ

レスター・R・ブラウン 著
枝廣淳子 監訳

Countdown

The World is Running Out of Water

KAIZOSHA

献辞

この本を私の家族に捧ぐ。まず、先妻のシャーリー・ウィギンと2人の子供ブライアンとブレンダ。そして、ブレンダの夫クリス・ハウンと、2人の間に生まれた3人の子供たちブリジット、リナ、キャッシュ。いつも私を支えてくれた妹のマリオン・スペンスと彼女の夫ボブ、弟のカールと彼の妻メアリー・ルーにも謝意を表したい。半世紀にわたって親戚一同のために毎年集まりを催してくれ、私たち家族は皆感謝している。

昔ながらの農家の多くがそうであるように、私たち家族の暮らしは今も農場とともにある。わが家の農場は、ニュージャージー州南西部、デラウェア川がデラウェア湾へと注ぐ河口部の近くにある。カールの娘ダーリーンとその家族は、農場にある古い家屋に住んでいる。カールとメアリー・ルーは、農場の隅に家を建て、息子ラリーとともに住んでいる。

40年近くにわたって、私のパートナーであり同志でもあるモーリーン・クワノ・ヒンクルに触れずして、この献辞は完成しない。彼女は、この本が進化していく過程で何度も原稿を読み、至るところで改善に向けた提案をしてくれた。

目次

序文

世界は今、新たな時代に突入している。深刻な水不足の時代へ、だ。過剰な水の汲み揚げのせいで地下水資源は何十年も減少してきたというのに、世界の人口は増え続け、今や年に8300万人増と過去最大の伸び幅となっている。全米科学アカデミー（NAS）は、「この人口急増を考えると、2015年から2030年までに世界で一人当たりの利用可能な水の量はなんと18％も減少する見通しだ」としている。

水をめぐる大問題は、十分な飲料水を得ることだけではない（通常、人の体が1日に必要とする水の量は4リットルに過ぎない）。それよりも、食べ物を生産するために、1日当たり推定2000リットルの水を必要としていることがより重要な問題だ。簡単に言うと、私たちは飲んでいる量の500倍もの水を「食べて」いるのだ。世界の人口が2015年の73億人から2030年には推定85億人に達する中で、食料生産のための水をその分追加しなくてはならない。主要な帯水層[注1]の大半がすでに一部枯渇している状況からすれば、これは大きな難題となるだろう。

近年、世界の主要な帯水層のほとんどで過剰な揚水が行われ、その結果、多くの帯水層が干上がり始めている。帯水層が枯渇し井戸が干上がるにつれて、穀物収穫量の動向はどうなるか？　――その予兆を得るには、近年のアラブ中東地域、特にイラク、サウジアラビア、シリア、イエメンなどで何が起きているかを見てみるとよい。これら4カ国の人口を合わせると1億1300万人で、その穀物収穫量の合計は2003年に1400万トンでピークに達した。これが2016年には900万トンに減少している。13年間で36％も減っているのだ。こうして、この地域は世界で初めて、「帯水層の枯渇によって収穫量が減少し、食料供給を世界の他の地域にますます依存する」地域となった。現在の人口動態が続けば、他の国や地域でも何が起こり得るかを垣間見ることができる。帯水層が枯渇すると、井戸が枯れる。人々は水を求めて移り住まざるをえなくなる。私は何年か前に、「いつの日か何百万人、ことによると何千万人もの〝水移民〟を目にすることになるのではないか」と思ったことがある。しかし、現実は危惧した通りに、あるいはそれ以上の規模で水移民が生じている。

「三大」穀物生産国である中国、インド、米国の収穫量を合わせると、世界の穀物収穫量の約半分になる。この3カ国をざっと見るだけで、縮小しつつある水資源を管理しようとする世界が、いかに深刻な課題をじきに抱えることになるかを感じ取ることができる。14億近い人口を抱える中国では、2016年後半、政府が水を汲み上げ過ぎて乾燥が進む中西部から膨大な数の人々を東部に避難させると発表したとも伝えられている。それ以降、大規模な水移民の流れが始まっている兆しを目にするようになった。帯水層が枯渇して土地が乾燥しつつある地域の住民がこのように大量に移住すれば、言うまでもなく中国東部において、あるいは移民が他国に行くことを選べばその国々において、水資源へのストレスを高めることになる。また、世界で食料を生産できる土地が急速に減少しているということでもある。中国政府は、国内のゴルフコース683カ所をすき返す計画も発表して、世界をさらにあっと言わせた。この発表にびっくりしたのは、どの国であれ、水不足に対処しようとするとここまでやらなければならなくなるとは、私も思いもよらなかったからである。2017年半ばまでに、この国のゴルフコースの111カ所が耕されて穀物畑となった。残る572カ所もこれに続く予定だ。世界の水不足が悪化し、国境を越えて拡大し続ける中で、このようにゴルフを諦める動きが他国にも広がるのはほぼ確実だろう。

世界中の水供給がひっ迫する様子を私たちは目の当たりにしている。人口13億1000万のインドは、深刻な状況に陥っている。地下水位はほぼすべての州で低下しつつある。インド北西部では、帯水層の涵養速度の15倍の速さで水を汲み上げており、世界で最も急速に地下水位の低下が進んでいる。ここから生じる明らかな疑問は、このまま毎年1400万人ずつ人口が増え続けるなら、このような帯水層の急速な枯渇に伴って高まる政治的な圧力を、インドは乗り切れるのかということである。

深刻な水不足に直面する国はほかにも数多くあるが、イランとパキスタンもそうである。古代ペルシア帝国に起源を持つイランの７０００年の歴史が、水不足によって狂わされつつある。現在の人口は７９００万だが、イランの水文学者[注2]は、この国の水資源は２４００万人を超える住民を長期的に維持することはできないと警告する。それを聞くと、なぜこれほど多くのイラン人が他国へ、主に欧州や北米へと移住しているのかが分かる。米国に移住したイラン人はすでに数十万人にのぼっているが、その多くが定住しているのは、皮肉なことに水資源に乏しいカリフォルニア州だ。同州の人口は急増中で、近年北の隣国であるカナダの人口３７００万を超え、今や４０００万となっている。米国内で最大の人口を抱えるこの州は、すでに広範にわたる帯水層の枯渇と水不足の拡大に苦しんでいる。イラン人の移住で、私たちが気付かされたのは、国際的な水不足の連鎖反応である。

パキスタンの人口はちょうど2億のラインを突破したところだが、人口増加に急ブレーキをかけられなければ、手に負えないほどの帯水層の枯渇と水不足にすぐに直面することになるだろう。パキスタンの一部地域、例えばチョリスタン地方などでは、すでに大部分の井戸が枯れてしまっている。ここでは人口のおよそ90％に当たる約19万人の住民が、家を捨て、国内でまだ水がある地域へと移住した。世界でも早くに発生した〝水移民〟の一角にあたる。地下水資源の枯渇の進行と、人口増加にブレーキをかける家族計画プログラムが全く存在しないことを考え合わせると、パキスタンが国として存続できるのかどうか、世界銀行も国際連合も疑念を示している。

多くの国境をまたいで流れる国際河川の流域では、上流と下流の間の緊張関係が表面化しつつある。エジプトは8900万の人々がほぼ完全にナイル川の水に依存している国だが、人口が9800万に急増しているエチオピアなど、上流の国々も今やナイル川に頼っていることに気づきつつある。これら上流の国々の人口は急激に増加している。そのため、エジプトでは年を追うごとに、人口が増えているというのに得られる水が減っているのだ。

米国も深刻な水問題に直面している。米国の広大なハイプレーンズ帯水層は、オガララ帯水層としても広く知られ、ミシシッピ川とロッキー山脈の間の、南側の大部分の地下に広がるものだが、涵養速度の12倍もの速度で汲み上げられている。この帯水層の外縁部に掘られている灌漑用の井戸は、米国の穀物収穫量の3分の1近くを支えているが、干上がり始めている。

ここでもう一つ、想像するとショッキングなことがある。穀物を100カ国ほどに輸出する世界の穀倉地帯たる米国が、自国の長期的な食料安全保障に及ぶ脅威を鑑みて、帯水層を枯渇させ続けるのは好ましくないと判断したら、どうなるのだろうか。つまり、過剰揚水をやめることになり、実質的に米国の穀物収穫量は減少し、穀物の輸出は激減することになる。多数の穀物輸入国が食料不足に直面し、世界の食料価格が高騰するだろう。すると、何が起きるだろうか。

世界中で、人口が拡大し続ける中、水不足によるストレスが現れ始めている。２０１７年の世界の穀物収穫量は25億３１００万トンで、２０１６年の25億９３００万トンから６２００万トン減少し、２・４％減となった。中国国内では、中西部から膨大な人口が避難し、それに伴ってこの辺りの耕作地が放棄されている。よって、同国の減少しつつある穀物収穫量は今後数年でさらに落ち込みそうである。世界トップの穀物生産国の座を中国と争っている米国も、水不足が広がることで穀物収穫量が減少する可能性が高いだろう。　この先に生じる水不足による食料不足は、現代文明がこれまでに直面した中で最も困難な課題を突きつけることになるかもしれない。私たちは今、手に負えないほどの食料不足となる前に、水不足に対応する世界戦略を早急に考え出さなければならない。

注1　帯水層
地下水で満たされた地層。地下水は地球上の淡水の31％（約１１００万立方キロメートル）を占め、河川・湖沼（約10万立方キロメートル）の１００倍以上の量になるという（その他の大半は南極の氷・氷河など）。

注2　水文学
地球上にある水の循環、特に陸水の水循環を研究する科学

第１章

世界の水不足の広がり

地球が干上がりつつある。何千もの湖沼や河川が姿を消している。１９５０年代には中国には推定5万もの湖沼や河川があった。今残るのは2万３０００に満たない。今やインドのほぼすべての州で地下水位が低下しつつある。中央アジアのアラル海は、以前は世界最大規模の内陸水域の一つだったのに、今ではそのほんの一部に水が残る程度だ。アフリカでは、チャドやニジェールなど4カ国に及ぶチャド湖の面積は、半世紀前のわずか４％にすぎない。

飲む水の５００倍を「食べる」

米国の広大なハイプレーンズ帯水層は、ネブラスカ州から「テキサスのパンハンドル（フライパンの取っ手）」と呼ばれるテキサス州最北部地域にかけて広がっており、八つの穀物生産州の全域または一部地域の地下に位置している。この帯水層が加速度的に縮小している。このような世界の帯水層の枯渇を食い止めることができなければ、水不足が広がり、収穫量が減少し、飢餓をもたらすため、21世紀文明はほぼ確実に自滅するだろう。

２０１５年初め、全米科学アカデミー（ＮＡＳ）は最新の水予測を発表し、２０３０年には世界で利用可能な淡水量が40%不足する事態に直面することを示した。このような大幅な不足に対応するためには、水の利用効率の向上を目指して、世界経済を大規模に再編するだけでは十分ではない。それを戦時下のようなスピードで行わなければならない。数十年ではなく、数年以内に行わなければならないのだ。そして、世界の人口増加に歯止めをかける必要があるだけでなく、さらに歩を進めて、地球の水文学的に持続可能な限界内に水需要が収まるように世界人口を減らさなければならない。

世界が直面するリスクとして、飲料水が足りないことはさほど重要ではない。人が1日に必要とする水の量は4リットルにすぎないからだ。それよりむしろ一番の懸念は、一人が一日に口にする食料の生産に必要なおよそ２０００リットル、飲む量の５００倍の水である。そして、これこそが難題なのだ。近年、この成長著しいニーズを、単に灌漑用水を帯水層から過剰に汲み上げることで満たしてきているのだが、地球の帯水層の多くが枯渇してくれば、これは長期的に続けられる選択肢ではない。

国内の水不足がどの程度かという感覚を伝えるため、国際連合は、灌漑用水を含め人口一人当たり1年に利用可能な水量を計算することで、水ストレスの程度を表す基本分類を開発した。供給量が一人当たり１７００立方メートルを上回る国は、水ストレスの兆しがわずかしか見られず「十分」な状態と分類される。一人当たりの水量が１７００〜１０００立方メートルに減った国は、「水ストレス下にある」と表現される。利用可能な水量が１０００〜５００立方メートルに減少した国は、「慢性的な水不足」と分類される。５００立方メートルを下回る国は、「危険なまでの水不足」だ。絶対的な水不足に苦しめられおり、干ばつの時には飢餓のリスクに直面している国である。一人当たりの利用可能な水量は、国によって大きな幅がある。エジプトは一人当たり660立方メートルで、慢性的な水不足にあるのみならず、さらに急速に減り続けている。人口が毎年200万人ずつ増えるとともに、エチオピアやスーダンなどナイル川上流の国がそれぞれに取水することで、川の流量が減っているからだ。驚くまでもなく、エジプトはますます、余剰分の穀物を生産できる水がまだ残っている国々からの輸入穀物に頼るようになっている。

中国では、1年に利用可能な水量は一人当たりわずか400立方メートルと、とてつもなく少なく、エジプトよりもさらに厳しい状況に直面している。このようなひっ迫する水事情に対する予想外の対応の一つが、中国政府が国内のゴルフ場をすき返し始め、ゴルフ用の土地と灌漑用の水を食料生産に使うと決定したことだった。

水不足の兆しが広がっている。2015年に米国水道協会（AWWA）のジャーナルに掲載された論文の中で、水問題アナリストのロジャー・パトリックは、「国連データをはじめとするさまざまな国と地域の推定値をまとめたところ、2025年には水不足による移民はたやすく2億人にまで達し得る」と報告した。これほど多くの人々が移動せざるを得なくなれば、移住を強いられた人々の間に水ストレスだけでなく社会的なストレスも生むことになるだろう。残念なことに、世界の水供給が非常に急速にひっ迫しつつあるため、パトリックが「2025

年」に予測していた2億人の水移民は、もっと早くに達成されるだろう。

急増する人口、縮む帯水層

世界で多くの湖沼や河川が姿を消している。これは誰の目にも明らかだが、同時に、見えない変化も進行中だ。地下水が失われ、地下水位が低下しているのだ。米国航空宇宙局（ＮＡＳＡ）は２０１５年6月14日、10年間にわたり衛星を使って世界最大規模の帯水層37カ所の変化を調査したプロジェクトの結果を発表した。報告によると、このうち21カ所が過剰揚水のせいで縮小しつつある。なかでも「気がかりなほど急速に」縮小しつつある13カ所の帯水層も示された。ＮＡＳＡの分析は、世界の帯水層（灌漑用水と飲料水の多くを与える地下水資源）の多くが現在、縮小しつつあることを裏付けた。しかもそれと同時に、世界人口が年に８３００万人ずつという過去最大の伸び幅で増大しているのだ。世界で最も深刻なストレス下にある帯水層の一つがインダス川流域の帯水層である。インド北西部にあり、パキスタンと共有している帯水層だ。この帯水層は現在、飲料水と灌漑用水を推定3億人の人々に供給している。ここから地球儀をぐるりと１８０度回した辺りで、米国の穀物生産のための30％の灌漑用水を提供しているのが、ハイプレーンズ帯水層だ。ミシシッピ川とロッキー山脈の間、ネブラスカ州南部からテキサス州まで広がっている帯水層である。だが、これも縮小しつつある。

表1-1　世界各地の揚水量と帯水層の涵養量の比

帯水層の所在地	揚水量：涵養量の比
アラビア半島	5：1
カリフォルニア州セントラルバレー	2：1
中国中西部	12：1
インド北西部	15：1
サウジアラビア	10：1
米国ハイプレーンズ帯水層	12：1
イエメン	5：1

* 複数の情報源を基に著者が作成

私たちの未来を左右する最も恐ろしい指標の一つに、世界のいくつかの主要な帯水層における揚水速度と自然の涵養速度との比がある（表1―1参照）。米国のハイプレーンズ帯水層は、グレートプレーンズの8州（すなわちサウスダコタ、ワイオミング、コロラド、ネブラスカ、カンザス、オクラホマ、ニューメキシコ、テキサス）の全域または一部地域の地下に広がっているが、農家は今や涵養速度の12倍の速さで水を汲み上げている。困ったことに、この帯水層の水は、大部分が大昔に降った雨によるものである。言うまでもなく、この帯水層は着実に縮小しつつある。カリフォルニア州のセントラルバレー帯水層では、揚水速度と涵養速度の比が2対1である。インド北西部ではこの比がなんと15対1であり、世界中の主要な帯水層の中で最も急速に地下水位が低下している。イエメンの国全体では5対1である。このように比の値が大きいことは、その流域で灌漑農業の縮小が避けられないことを示しており、このため世界の穀物収穫量の減少が起きそうである。「この減少はいつ始まるのか？」という問いに答えるなら、「収穫量の減少は２０１８年に始まったのかもしれない」となるだろう。

世界人口がいまだに急増しつつあるのに、水不足の広がりで世界の収穫量が減少するという見込みは、世界の中でも水ストレスが高い地域に暮らさざるを得ない何千万もの人々の生存を脅かしかねない。影響を受ける人の数がある一線を越えれば、21世紀文明の未来は危機に瀕するかもしれない。

ここ数十年ほど、気候変動がもたらす食料安全保障への脅威について多くの議論が行われてきた。これは当然のことだ。だが、その影響は緩やかで、まだほとんどが未来に生じるものである。これに対して、帯水層の枯渇による脅威は、すでにいくつかの国で穀物収穫量を減少させつつあり、今では世界の収穫量が減少する瀬戸際にあるようだ。水供給量が世界の多くの場所で減りつつあるのに、人口は記録的な速さで増加し続けており、２０１５年から２０３０年の間に12億人増えると予想されている。全米科学アカデミー（ＮＡＳ）の推計によると、この15年間に世界の一人当たり水供給量は18％減少するという。問題は、これが世界の穀物収穫量にどのような影響をもたらすかだ。これほどの減少は過去には全く例がないし、人口が記録的なスピードで増加し続ける一方、ほぼ確実に世界の収穫量が減少する状況への対応も未経験であることは言をまたない。少なくとも食料不足が生じるであろう。水ストレスの高い地域では、食料価格が高騰し、政情不安が高まりそうである。このような政情不安は、弱小政府の崩壊を招く可能性もある。帯水層の枯渇に加え、それと密接に結び付き、追随して起こることの多い砂漠化も相まって、膨大な数の移民が発生しつつある。数年前に国連は、現在サハラ砂漠以南の西アフリカに住んでいる5000万人が、砂漠化によって住む場所を失い、北に向かって地中海沿岸地域あるいは欧州へと移動せざるを得なくなると推定した。今にして思えば、これは過小評価だった。今やこのような住む場所を失う人々の数は急速に増加しているのみならず、予測をはるかに超えるペースで増加している。例えば、イランでは国土の南側3分の2が干上がり、何百万もの人々が村を捨て、北へと移り住んでいる。この地域では推定50万本の木が、水不足で枯死した。何十万ものイラン人が国を離れ、そのほとんどが欧米に向かっている。米国に向かっている人の多くが、カリフォルニア州で急成長中のイラン人コミュニティに加わっている。イラン人コミュニティの数は今や数十万人規模に膨れ上がっているが、この場所自体がすでに帯水層の枯渇に直面しているのだ。中国では、先に述べたように、乾燥した中西部で帯水層の枯渇とそれに伴う砂漠化が起こっているため、政府が膨大な数の人々を立ち退かせ、東部へと移住させせようとする話がある。このように西アフリカ、イラン、中国で今、水問題による移住が進んでいることは、「世界の水不足」というこの新しい時代を示す、初期の兆しの一つである。

穀物収量、減少への分岐点

世界の地下水の取水量のうち、５分の４が農産物の灌漑に使われていると推定される。このため、過剰揚水によって帯水層が枯渇し、水供給量の減少が避けられないとしたら、世界の穀物収穫量の今後の増加について疑念が生じる。世界の灌漑農地の面積は過去半世紀の間に急速に拡大したが、今では減少し始めている。前述の画期的なＮＡＳＡの調査を見ると、どの帯水層が最初に枯渇するグループに入りそうかの感触が得られる。

湖沼や河川が姿を消して表流水（河川・湖沼）が失われていることは目に見えるが、帯水層の枯渇はそうではない。地下にある帯水層は目に見えないため、井戸が枯れて初めて、過剰揚水に気付くことが多い。中核を成す問いは、表流水も地下水もなくなることにより、いつ、世界の穀物収穫量が減少し始めるかである。

私たちはすでにその答えを目の当たりにしつつあるのかもしれない。世界の穀物収穫量は20世紀半ばから約65年間にわたって急増した後、近年では伸びが緩やかになってきた。２０１３

年から2017年までの4年間に収穫量の増加はほぼ見られなくなり、2007年にはわずかに減じた。この4年間が、「収穫量が増加し続ける時代」から「減少する時代」への移り変わりの合図となっている可能性はないだろうか？　私たちには分からない。しかし、帯水層の枯渇により今や非常に多くの国で灌漑面積が減少しているうえに、砂漠の拡大によって収穫量が減少している国もあり、世界の穀物収穫量が2018年以降、減少に転ずる可能性は、明らかに検討すべき一つのシナリオである。

今後、水不足の広がりにより、すでに多くの国で穀物収穫量が減少しつつあることは明らかである。近代史上初めて、私たちは現在の世界の穀物収穫量を維持する水さえ十分にない時代に突入しているのかもしれない。ましてや、現在増えている年間8300万人という記録的な数の人々の分を供給できるほど、十分な速さで穀物収穫量を増やすための水などない。私たちは経験したことのない領域に足を踏み入れているのだ。

世界の灌漑面積の歴史的なすう勢は、啓示的であると同時に不穏なものでもある。20世紀後半に世界の灌漑面積は3倍近くに増え、1950年の約1000万平方キロメートル弱から2000年には約2800万平方キロメートルになった。それが2000年から2010年の間に増えたのはわずか10％だった。それ以降、灌漑面積は増加していない。国によっては、河川が干上がり帯水層が枯渇するにつれて、今や灌漑面積は減少しつつある。

各国に広がる水の枯渇

少なくとも18カ国（合わせると世界人口の半分を優に超える）では、帯水層から水を過剰に汲み上げることで、ある程度国民を養っている。ここには、三大穀物生産国である中国、インド、米国が含まれる。ほかにこの中に含まれる人口の多い国は、パキスタン、メキシコ、イランなどである。

地下水を汲み上げる量が一番多いのはインドで、年間２１００億立方メートルである。第2位は中国と米国がほぼ肩を並べ、中国の揚水量は年間１０５０億立方メートル、米国が１０００億立方メートルである。インドの地下水の揚水量は今や、中国と米国の合計に匹敵する。したがって、インドのほとんどの地域で非常に急速に地下水位が低下していると聞いても驚くには当たらない。この13億１０００万人が住む人口密度の高い国で、浅い井戸は干上がりつつあり、もっと深い井戸を掘る余裕のない小規模農家は、灌漑用水を使えなくなっている。

世界銀行は10年以上前に、約2億人のインド人が、過剰揚水により生産された穀物で養われていると警告していた。ほとんどの国には過剰揚水が行われている度合いに関するデータがないが、過剰揚水を行っている、米国、パキスタン、インドネシア、イラン、フィリピン、メキシコ、イエメンといった主要7カ国について大ざっぱな推計を出すことはできる。それによって、世界中で過剰揚水によって養われている人がどのくらいいるか、およその感触を得ることができるだろう。これらの国々で入手可能なデータを用いて控え目に推測しても、過剰揚水で生産された穀物で養われている人の数は、世界中で少なくとも5億8000万人に達する。

他の国々よりも過剰揚水の影響を受けやすい国がある。三大穀物生産国の間でも、灌漑への依存度には大きな幅がある。中国では穀物収穫量の5分の4ほどが灌漑地で生産されており、そのほとんどが長江と黄河および数多くの支流の表流水を利用している。しかし、大きな河川がない中国の北半分では、農家は急速に枯渇しつつある地下水に大きく依存している。インドでは穀物畑の5分の3が灌漑地であり、その大部分は地下水を利用している。米国では、穀物の大部分を生産しているのが、降雨で潤され生産性の高い中西部のコーンベルト（とりわけアイオワ、イリノイ、インディアナ、オハイオの各州）であり、灌漑地で生産されるのは国内の収穫量の5分の1にすぎない。

中国とインドでは、水集約型作物である米と、水の集約度がずっと低い小麦が日常の食物の中心となっている。米国では、食料としての穀物消費量の大半を小麦が占めている。だが、酪農業や牛肉産業、養鶏業の成長の糧となっている莫大な量のトウモロコシこそが、この数十年間、米国の農業生産量と輸出の拡大の大半をもたらしてきた。米国のトウモロコシの収穫量はおよそ3億トンで、米国の穀物収穫量の合計約4億トンの4分の3を占め、とてつもなく多い。

実際のところ、中国をのぞいて、どの国の穀物収穫量の合計よりも多いのだ。

　米国の人口３億１５００万の４倍以上に相当する人口14億を抱える中国が、深刻な水不足に直面していることは明らかである。中国科学院から最近引退した水文学者、劉昌明は、今や中国の４００都市が水不足に直面していると述べる。このうち、１１０都市では深刻な不足だという。かつて水利大臣を務めた汪恕誠は、中国北部で急成長している都市の多くで、数年のうちに水が尽きてしまうだろうと考えている。

　中国で予測されている水不足が深刻であるのと同様に、インドでは水不足がさらに差し迫った課題となっている。インドでは食料の消費量と生存に必要な量の差があやうい状態にあるからだ。人口が世界最高の年間１９００万人ずつ増加しているインドでは、灌漑を地下水に頼っている度合いが極めて高い。世界の井戸掘りの中心地である同国には、数百万という数のポンプがある（大半は農家が所有している）。その多くは政府の補助金による電力で稼働しており、非常に危険なペースで地下水位を下げつつある。最も影響を受けている州の中には、インドの穀倉地帯であるパンジャブ州と、インド北部に位置するハリヤナ、ラジャスタン、グジャラートの各州、そして南部のタミルナド州がある。北部のグジャラート州では、地下水位が毎年約６・１メートルという、驚異的なペースで低下している。

　米国でも地下水位が低下しつつある。その大半はハイプレーンズ（グレートプレーンズの一部）の各州とカリフォルニアにある灌漑農地で、幸いなことに、米国の穀物収穫量の5分の1を生産しているにすぎない。それでも、ハイプレーンズ帯水層では涵養速度よりも速く揚水が行われており、その枯渇を懸念する声は高まっている。今や水文学者の間では、米国のミシシッピ川以西は干上がりつつあり、乾ききった未来が示唆されることが大筋で合意されている。

帯水層が枯渇しているのは、グレートプレーンズだけではない。カリフォルニア州のサンホアキンバレーは、生鮮果実・野菜の世界有数の産地の一つだが、今後30年以内に唯一の帯水層の水を汲み上げ尽くしてしまうかもしれない。そうなると必然的に、農業の役割が大幅に縮小し、次世代の州経済を根本から再編させることになるだろう。また、世界の多くの場所で、食べる物が減ったり変わったりもするだろう。

個々の州では帯水層の枯渇により穀物収穫量が激減している所もあるとはいえ、まだ米国全体の穀物収穫量を減少させるほどではない。米国の穀物の大部分が西はアイオワ州から東はオハイオ州まで伸びる、生産性が高く降雨で潤される中西部のコーンベルトで生産されているからだ。この地域の名高い土地生産性を表す例を挙げるとすれば、アイオワ州1州だけでカナダより多くの穀物を生産している（一瞬疑うかもしれないが、事実だ）。隣のイリノイ州も僅差でこれに続く。

人口14億近くを抱える中国も、水供給量の減少に直面している。先に述べたように、195

0年以降、国内の湖沼と河川の半分以上が失われた。これからの50年間にこの国の水資源に何が起きるだろうか。過去20年間の華北平原における地下水位の低下は、場所によっては地表から約9メートルの所で、また別の場所では地表から約３００メートルもの所で起きてきた。浅い井戸は枯れて放棄され、経済的に余裕のある農家はさらに深く掘らざるを得ない状況だ。

砂漠化する国々

この20年間に帯水層の水を汲み上げ過ぎて、今では帯水層が枯渇し井戸が干上がりつつある国は、ほかにもいくつかあり、その大半が乾燥地域に位置する。灌漑用水の供給量が減り続けると、どこかの時点で穀物収穫量が減り始める。灌漑用水の使用量がピークに達し、穀物収穫量が今や減少している国としては、サウジアラビア、シリア、イエメンなどが挙げられる。これらの国ではいずれも、灌漑用に利用可能な水量が減るのに伴い、穀物収穫量が激減した。このような減少を経験したのは最近まで比較的小さな国ばかりだったが、今では例えば人口７９００万のイランや人口1億２７００万のメキシコなど、水資源に乏しいもっと大きな国でも収穫量が減少し始めたり、あるいは近いうちに減少する兆候を見せている。人口1億９９００万のパキスタンも、間もなくここに仲間入りしそうである。

アラブ中東地域では、地域内で「人口の急増」と「水供給量の激減」がぶつかり合うのを、世界は目の当たりにしている。歴史上初めて、ある地域の穀物収穫量が減少しているのに、それを食い止めるものが何も見えてこないのだ。この地域の各国政府が人口政策と利用可能な水量の整合性をとれないために、今やこの地域で養うべき人口が毎日９０００人ずつ増える一方で、養うための灌漑用水が減少している。

驚くことではないが、内戦が続く人口２２００万のシリアでも、地下水を過剰に汲み上げている。この国の穀物収穫量は２００1年にピークを迎え、それ以降32％減少している。

隣国のイラクでは、３７００万の人口が年率約３％で増加しているが、穀物収穫量はこの10年間頭打ちとなっている。シリアとイラクの両国は、帯水層の枯渇に加え、自国に流れ込むチグリス・ユーフラテス川の流量の減少に悩まされている。上流に位置するトルコが自国で使用するために取水量を増やしているからだ。２つの河川の間にある地域は、歴史的に「肥沃な三日月地帯」として知られる地域の中心で、かつてはこの地方の穀倉地帯であった。だが、今やそれは過去の話だ。今日、イラクは消費する穀物の3分の2を世界市場に頼っている。

近隣のイエメンは、サウジアラビアと長い国境線で接する、人口２４００万を擁する乾燥した国だ。水の使用量が帯水層の涵養量をはるかに上回っているため、地下水位が年におよそ1・8メートルずつ低下している。イエメンは世界でも人口増加が最も激しい国の一つであり、雨が少ないことでも有名だ。同国は、国全体で地下水位が低下しているため、あっという間に水問題に手も足も出ない状態に陥っている。水がなくなったら国がどうなるかを示す、終末論的な事例の初期のものになるかもしれない。

これよりもはるかに多くの人口を抱える他の国々は、水使用のピークを越えたか、あるいは急速にピークに向かいつつあるかのいずれかである。人口７９００万のイランは、灌漑用の井戸が干上がり始めたため、２００７年から２０１２年までの間に穀物収穫量が10％減少した。そして、イランの現在の穀物収穫量の推定４分の１が、どうやら過剰揚水に頼っているようなので、収穫量のさらなる減少は避けられない。人口は毎年約１００万人ずつ増えており、イランは今や国民を養うためにますます輸入穀物に頼らざるを得なくなっている。

パキスタン北部では、イスラマバードとラワルピンディという双子都市近くの観測井戸の測定値をみると、１９８２年から２０００年までの間に、地下水位は毎年０・９～１・８メートルずつ低下していたことがわかる。またその後、同国バローチスターン州の州都クエッタでは、地下水位が年に約３・４メートルずつ低下していた。同国のクエッタにある乾燥地研究所でかつて所長を務めていたサーダー・リアズ・Ａ・カーンは、「バローチスターン州の七つの河川流域のうち、六つでは地下水を使い果たし、以前の灌漑地が不毛の地になっている」と報告している。驚くまでもなく、２０１６年後半の時点で、もともと人口５００万だったバローチスターン州から大量の人口移動が進んでおり、水移民の流れが早くに生じた場所の一つとなった。

パキスタンだけではない。メキシコは、1億2200万の人口が2050年には1億5600万に達すると予測されるが、水の需要が供給をはるかに上回っている。メキシコシティの悲惨な水不足はよく知られているが、今や農村地域も苦しんでいる。農業州のグアナファト州では、地下水位が年に1・8メートル以上低下している。米国アリゾナ州と接する小麦生産が盛んなソノラ州では、かつて農家は地下12メートルの深さにあるエルモシヨ帯水層から水を汲み上げていたが、今では120メートル以上の深さから汲み上げている。水ストレスが悪化する中、メキシコの穀物収穫量は減り始めている。

国内外に広がる水移民

実質的には、灌漑のために過剰揚水を行うことで、水によって膨らまされた食料生産バブルが生まれる。帯水層が枯渇し、揚水速度が必然的に涵養速度まで下がる時に、このバブルがはじける。ここで問われるのはもはや、こうして発生する水不足が多くの国で将来の収穫量を減少させるかどうかではなく、むしろ、いつ、どの程度減少させるかである。深刻な水不足に苦しんでいる国は、中国が現在行っていること、つまりゴルフ場をすき返してその土地を食料生産に使うよう検討することになりそうだ。ゴルフは、姿を消す可能性があるのだろうか。

世界の灌漑農業が拡大を続けようとする中、ニュースになるのは、例えばナイル河川流域でエジプトと上流国（エチオピアもスーダンも含む）の間に起きているような、水をめぐる国際的な緊張関係かもしれない。しかし、国内では、政治指導者は都市と農業者の間の水をめぐる競争で頭がいっぱいである。実のところ、一部の国で農家が今直面しているのは、「帯水層の枯渇による水供給量の減少」だけではない。世界で最後に成長を遂げている都市の都市用水として、灌漑用水から転用される水が増えているために、「縮小している供給量の中で灌漑用水に使える割合も縮小していること」だ。

新しい現実は、米国の多くの地域で水が希少資源になりつつあることだ。米国地理学協会の上級アナリストを長年務め最近引退したデニス・ディミックは、今や米国西部のすべての水の行き先が決まっていると指摘する。ミシシッピ川から太平洋岸までの間に、使途の決まっていない水資源は全く残っていないというのだ。

水不足に直面している国々の政府に共通して見られる対応の一つは、穀物の輸入である。穀物1トンを生産するためには1000トンの水が必要であるため、穀物の輸入は最も効率的に水を輸入する方法なのだ。同じように、穀物を輸出することは、水を輸出する最も便利な方法である。世界の水市場というものがあるなら、それは世界の穀物市場の中に存在する。事実上、穀物は水の取引に使われる通貨なのである。

帯水層が枯渇して水の供給量が減少する中、人々は移住を強いられることになる。国内で移住する人もいれば、国境を渡る人もいるだろう。今後数十年でどのくらいの水移民が発生するかは誰にも分からない。しかし、何億人にもなることは今や明らかである。人々が水不足の地域からもっと適度な水供給がある場所へと移住すると、移住先にかかる圧力が大きくなり、連鎖反応を引き起こす可能性がある。水移民の大規模な移動が積み重なり始めたら、それがどこで止まるかを知る手立ては全くない。ある程度の自信をもって、「人類史上最大の集団移住が今にも起きようとしている」と言うことができる。そして、それを引き起こしているのは水不足なのだ。

水移民に加え、土地が干上がり砂漠化しているために土地を離れる「砂漠化移民」もいる。この数十年の間に北アフリカ、中東、インド亜大陸の北西部、中国の北部および西部で、砂嵐の頻度や大きさや激しさが劇的に増していることは、地球上で砂漠化が加速している初期兆候の一つである。

土地が干上がるにつれ、砂嵐の頻度も破壊力も増す。世界でも二つの地域、すなわちアフリカ大陸のサハラ砂漠のすぐ南側を東西に伸びるサヘル地域と、中国の西部から北部にかけての地域では、巨大な新たなが砂嵐発生する中、記録的な広さの土地を失いつつある。この砂嵐のどれをみても、米国で１９３０年代に短期間発生したダスト・ボウルが小さく思えるほどだ。

水不足が広がる中、人々は移住を強いられている——最初は何百万人、それから何千万人、さらには想像し難いが何億人という単位で。中国では徐々に状況が変わり、食料生産拡大の主な制約条件が、「土地」ではなく「水」になった。北アフリカ、中東、インド北西部、中国西部、米国ハイプレーンズといったどの地域であろうと、過剰揚水がまず帯水層の枯渇を引き起こし、ひいては穀物収穫量の減少をもたらしかねない。このことが、今では前よりはっきりと目に見えるようになっている。

第２章

干上がりつつある
中国

中国は干上がりつつあり、砂漠へと姿を変えようとしている。しかし、中国政府はこのすう勢を食い止めることも、ましてや覆すこともできないようだ。同国では河川や湖沼が警戒すべきペースで消滅しており、乾燥の激しい地域は広大な荒れ地になりつつある。温家宝前首相は「水不足は中華民族の生存そのものを脅かす」と警告している。

三大穀物生産国である中国、インド、米国のうち、最も切迫した砂漠化のリスクに直面しているのが中国である。拡大を続ける砂漠は、長さ約225キロメートル、幅約16キロメートルの帯状の土地を毎年奪っている。広大なゴビ砂漠は、世界で最も急速に拡大している砂漠であり、北京に向かってじわじわと南方に広がりつつある。つまり、中国は物理的に荒廃しつつあるのだ。国連環境計画（UNEP）は、中国の3分の1を荒れ地または砂漠と分類しており、そのほとんどが北部と中西部に存在する。

先に述べたように、砂漠が拡大し続けていることで、多くの中国人が移住を余儀なくされている。今のところ、砂漠の拡大を食い止めるための大規模な取り組みは功を奏しておらず、「中国は、砂丘がさらに居住可能地域へと侵食してくるのを食い止められるのか？」という疑問が残る。中国では、侵食してくる砂漠に生産性の高い土地を明け渡すその間にも、人口は13億7000万から毎年800万人が加わっている。

省の単位で見ると、中国で進行する乾燥はさらに警戒すべきものとなる。北京を取り囲んでいる河北省では、１０５２あった湖のうち９２０が消滅し、残りはたった１３２だ。もっと南にある湖北省武漢市では、１００の湖のうち70の湖が失われている。西部の乾燥地域にある青海省にはかつて４０７７の湖があったが、その半分がそっくり消えてなくなっている。

経済発展と水不足の深刻化

２０１３年、『エコノミスト』紙は「中国では、２０２０年までに推定で３０００万人が、井戸の枯渇が原因となって移住を余儀なくされ、水移民となるだろう」と予測した。当時、これは妥当な予測のように思えた。その3年後、この数字は小さかったと分かった。２０１６年12月に中国政府が、帯水層の枯渇と砂漠化が進む西部内陸部の乾燥地域から、膨大な数の人々を同国東部へ移住させる計画を、正式に発表したと言われている。これは、今のところ世界でも前例のない最大規模の水移民の集団というだけでなく、ほんの数年前に想像できた規模をはるかに上回ることになるだろう。残念ながら、これは中国だけに待ち受けている出来事の兆候ではない。それどころか、帯水層が枯渇しつつあり人口増加による砂漠化が勢いを増している、他の多くの国が直面する未来も示唆している。

中国が抱える問題の一つは、水が均等に分布していないことだ。水の大部分が南部にあるが、人口の半分は北部に住んでいる。水不足が現在の悩みの種であり将来の脅威となっているのは、この北半分の地域である。

北京は人口2200万の都市で、中国の首都であるとともに、国内で最も水不足が深刻な場所でもある。北京では、一人当たり1年間に利用可能な水量が100立方メートル未満に落ちこんでいる。ちなみにこれは英国での水量のわずか4%でしかない。中国が直面しているのは、明らかに水の安全保障が著しく損なわれている現実である。

首都の北京だけではない。中国科学院の水質学者だった劉昌明は「現在、中国では400の都市が水不足に直面しており、110の都市が深刻な水不足に陥っている。これは極めて重大な問題だ」と述べている。

中国ではその大部分で水が不足しているにもかかわらず、各都市が住民に請求している水道料金は、欧州に比べると残念ながらごく少額である。都市用水の利用効率を高める最も効果的な方法の一つは、単純に請求額を引き上げること、つまり水の価値をより忠実に反映した料金を課すことだ。中国政府はまず間違いなく、このような方針への転換を余儀なくされるだろう。

中国の水需要の増加とそれに伴う水の枯渇の原因としては、ますます裕福になった人々が肉食を好むようになり、豚や家禽の肉製品を大量に消費するようになっていることが大きい。2016年、中国における肉の総消費量は7500万トンで、今や米国の年間消費量3700万トンの2倍である（図2―1参照）。しかし、中国の人口は米国の4倍超であることから、所

図2-1　中国と米国における肉の総消費量（1975年～2016年）

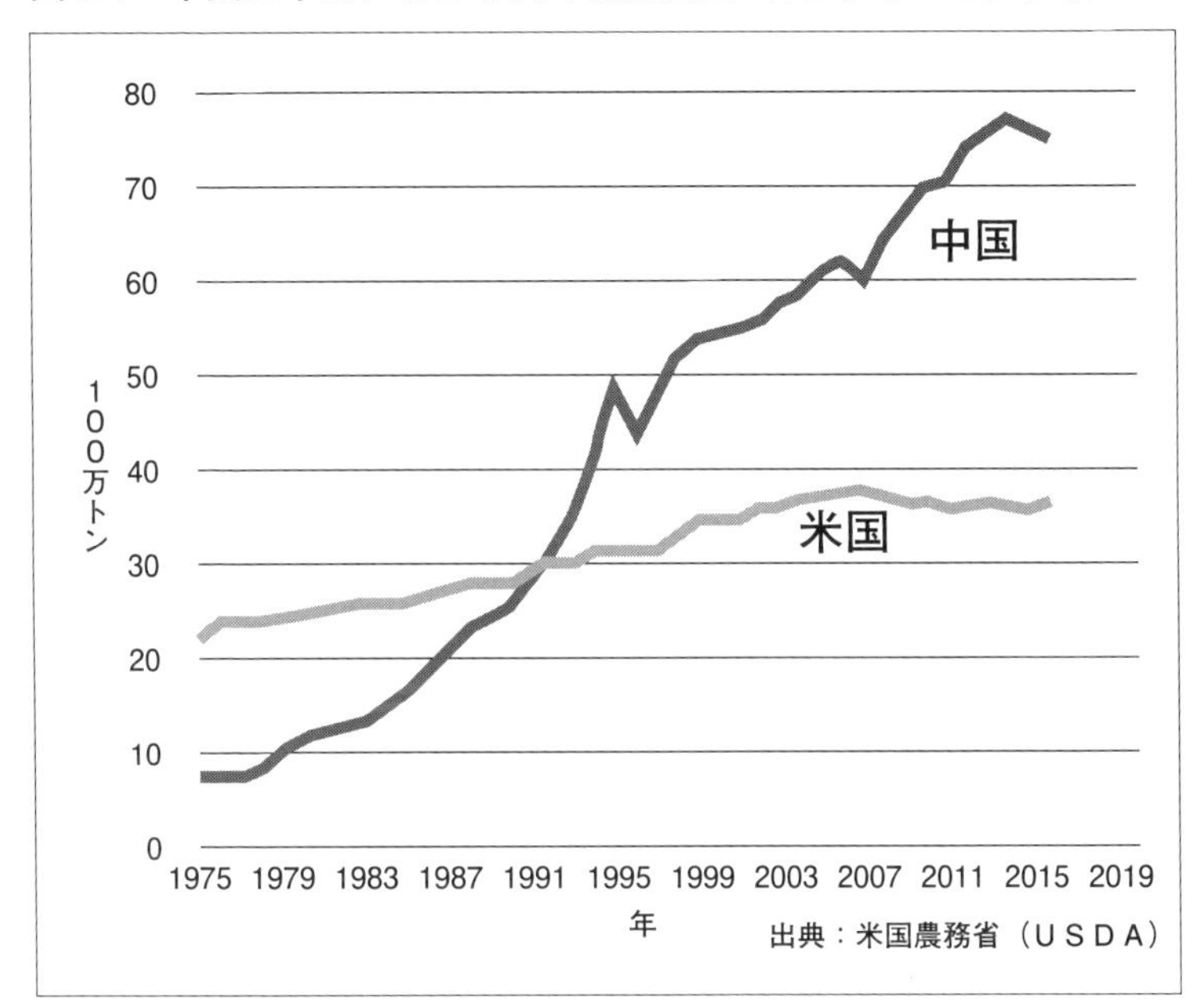

得が増え続ければ、まだまだ肉の消費量も増加する可能性が高い。中国が肉食へ傾けば傾くほど、飼料穀物（主にトウモロコシ）の需要およびそれを生産するための水需要は、この先何年も急速に増え続けるだろう。このすう勢を押しとどめられる唯一の可能性は、水不足の拡大に伴い穀物のコスト、ひいては肉の価格が上昇することである。低下し続ける地下水位が、食料価格を押し上げることは避けられないだろう。

　水の状況がひっ迫しているにもかかわらず、過去数十年で中国の農業生産量は着実に増えており、一人当たりの穀物収穫量を1990年から2015年の間に6%押し上げている。このような生産量の増加は人口の増加を優に上回っているが、これは農業技術の継続的な進歩、灌漑用水の利用効率を向上させる一致団結した取り組み、そして中国の北半分の地下にある帯水層を枯渇させつつあるほどに過剰な揚水を続けた結果である。今問われるのは、中国政府が進めているといわれるように、乾燥が進む中西部の土地から膨大な数の人々を移住させることで、中国全体の穀物収穫量がどれほど減少するかだ。この土地の生産性は、中国の土壌肥沃度の分布でいうとおそらく最低レベルだったが、それでも2億5000万人の地域住民をおおむね養っていた。放棄されつつある土地の穀物収穫量は、データは入手不可能だがおそらく最低でも年間6000万トン（中国の穀物収穫量のおよそ11%）にはなっていただろう。こうした大規模な耕作地の放棄は、世界の農業生産能力の低下を示す、もう一つの例である。

砂漠化の初期の兆候は、井戸が干上がったり、砂嵐が頻度や激しさを増したりすることなどに見られる。水が豊富な中国南部とは対照的に、同国の北半分は干上がりつつある。その極端な例として、人口2200万の都市、北京では1970年以降地下水位がおよそ300メートル低下している。つまり、首都とその周辺の需要増に応えるために、井戸を掘るコストも、水を汲み上げるコストも上昇しているのである。

水供給がひっ迫しているとはいえ、中国の指導部は今のところ穀物収穫量を増やし続けることができている。しかし同国中西部で、前述の通り膨大な数の人々が立ち退き、大規模かつ計画的な耕作地放棄が行われているかもしれないことを考えると、収穫量の増加をもうそれほど長くは続けられないように思える。さらに広く見れば、水不足は中国北部全体に広がってきている。華北平原にある古い井戸は干上がりつつある。かつて浅い井戸を頼りにしていた農家は、水に到達するまで100メートルから200メートルほども井戸を掘らなければいけないことも多い（そうするだけの金銭的余裕があれば、の話だが）。余裕のない農家は乾地農法に逆戻りするか、都市で仕事を探すしかない。

地下水位は中国の他の場所でも低下しつつある。2400万という膨大な人口を抱える上海市の近郊では、今では井戸を掘るために最低でも地中約300メートルまで掘り進めなければならない場合が多い。これはワシントン記念塔の高さ（約170メートル）のおよそ2倍になる。井戸をさらに深く掘ると、農家が灌漑用水を汲み上げるためのコストも上昇する。そして、ひいてはこれが食料生産のコストを押し上げるのだ。

拡大する砂漠

砂嵐は、人間が土地に過剰な圧力をかけていることを示す、新たに出現したもう一つの兆候である。植生が過放牧や過耕作によって破壊されるにつれて、土地が乾ききり、それによって今では想像を超える激しさになることもある砂嵐に対してますます脆弱になっている。砂嵐を生じさせる原因、すなわち過剰な揚水、過耕作、過放牧は、中国で過去数十年にわたって広く、程度を増して行われるようになってきている。ここ数十年のこうした破壊的な砂嵐の中でも最大級の被害をもたらしたのが、１９９３年５月５日、２００２年４月12日、そして２０１０年３月20日、２０１８年11月に発生した嵐である。

その一つ、１９９３年５月５日、信じがたいほどの破壊力を持った砂嵐が中国北西部全域で猛威を振るった。およそ４０００平方キロメートルにわたって作物に被害をもたらし、さらに場所によっては最大で厚さ約10センチの表土を奪い去ったのだ。４０００軒以上の家が破壊されたり、砂に埋まったりした。地域住民85人が亡くなり、１４６人がけがをした。約１万２０００頭の家畜が死んだ。砂で埋め尽くされた灌漑用水路は約９６０キロメートルを上回る。

こうした猛烈な砂嵐に直面したことのない人には、それがいったいどれだけ破壊的で危険なものになり得るか、なかなかわかってもらえない。『ニューヨーク・タイムズ』紙の詳細な記事の中で、記者のハワード・フレンチは２００２年４月14日に韓国に到達した中国の砂嵐について書いている。フレンチによると、韓国は中国からのものすごい量の砂埃に呑み込まれたため、ソウル市民は文字通り、息をするにも喘いでいたという。学校は休校になり、空の便は欠航となった。そして病院は、呼吸困難を訴える患者であふれかえった。小売り商の売り上げは落ち込んだ。韓国の人たちは、彼らが「第5の季節」と呼ぶもの——晩冬から早春にかけての砂嵐——の到来をひどく恐れるようになった。

中国を襲う砂嵐の数は増え続けており、通常レベルの嵐もあれば、歴史上類を見ない規模の嵐もある。先に挙げたように２０１０年3月20日に息を詰まらせるほどの砂嵐が北京を包み込んだとき、北京の気象局は大気が危険な状態であるとして、市民に対して「外出を避けるように。やむなく外出する際には顔を覆うように」と勧告する異例の措置をとった。視界が悪く、車を運転する人たちは昼間でもライトを点けて走らざるを得なかった。

影響を受けたのは北京だけではなかった。この２０１０年3月20日の砂嵐は、五つの省の数十都市を巻き込み、2億人を超える人々に直接的な影響を与えた。このような砂嵐に襲われたのはこの時だけではない。今では毎年春、雪は解けてもまだ地面が草に覆われていない頃、北京や天津など中国東部の都市では砂嵐が吹き始めると身動きが取れなくなってしまう。息苦しくなったり砂塵で目に刺すような痛みを感じたりするのに加えて、家の中に砂埃が入らないようにしたり、戸口や歩道の砂埃を掃除したりといった苦労が続く。つまり、青空が見える日々は、北京ではめったにないありがたいものになりつつあるのだ。

さらに最近では、２０１7年5月4日の砂嵐によって北京の大気汚染指数（ＡＱＩ）は、危険なほど高い６２０にまで上昇した。米国政府は指数が２００を超えると「極めて健康に悪い」

としている。中国の国営放送は、子供と高齢者は外出を控えるよう勧告した。

中国では拡大する砂漠によって人々が故郷から追い出されているため、居住可能な地域が減少している。穀物の生産地域も同様に減っている。砂漠の拡大に対し、中国政府は人々を移住させることで対処しようとしている。例えば、内モンゴル自治区の住民約48万人は、拡大している砂漠から逃れるために移住させられた。砂漠化と、その結果としての大規模な移住に伴う政情不安に対して、中国政府は懸念を強めている。

周辺国にも大きな影響

ここまで紹介してきたような砂嵐は、前にも触れたように、中国だけでなく近隣諸国にも影響を及ぼしている。2010年3月20日の砂嵐は、北京を去ったのちに韓国に到着した。韓国気象庁はこれを「観測史上最悪の砂嵐」だと形容した。

そして、状況は悪化を続けている。韓国気象庁の報告によると、「ソウルが『砂嵐に関する事象』の被害を受けた日数は、1970年代の10年間には23日、80年代には41日、90年代には70日、そして2000年代は100日近く」だという。中国から発生する砂嵐の数が着実に増えていることは、今や明らかで、しかも恐ろしいすう勢である。この頻度を増す砂嵐を食い止めることができるのか、あるいはいつ食い止められるのか、誰にも分からない。

つい最近起こった砂嵐が示唆しているのは、「最悪の事態が起こるのはこれからだ」ということである。２０１５年12月8日、中国政府は史上最悪の大気汚染状況を受け、北京に住む２００万人に向けて環境緊急事態を宣言した。政府は、学校だけでなく工場も閉鎖し、さらに街中では車１７０万台の通行を禁止した。２０１７年11月最後の週末、北京はさらに死を思わせるような暗い雲で覆われた。砂嵐によって、大気中の微小粒子状物質（ＰＭ２・５）が世界保健機関（ＷＨＯ）の推奨する曝露限度の40倍にまで増加したのだ。

中国北東部と、隣国の韓国や日本に住む人々にとって、中国で発生する砂嵐、すなわち黄砂はすっかり馴染みのものになっているが、世界のほかの国々がこうした砂嵐を知るのは通常、土を大量に含んだ大規模な嵐が発生地点から離れそれぞれの国に達したときである。例えば２００１年4月18日、米国西部――アリゾナ州境から北はカナダまで――が砂埃ですっぽり覆われた。それは、4月5日に中国北西部からモンゴルにかけて発生した巨大な砂嵐がもたらしたものだった。

９年後の２０１０年4月、ＮＡＳＡは中国で発生した砂嵐が太平洋を横断して米国東海岸まで到達するのを追跡した。タクラマカン砂漠とゴビ砂漠で発生したその砂嵐は、最終的にはノースカロライナ州からペンシルベニア州まで及ぶ地域を覆った。その後、大西洋の海上へと移動した。

こうした巨大な砂嵐は中国の表土を数百万トンも運び出すが、その代わりの表土が自然のプロセスによって形成されるまでには何百年もかかるだろう。大規模に乾ききることで生態系も危機に陥る。河川や湖が干上がるにつれて、生態系全体が消滅しつつある。中国の砂漠化によって絶滅に瀕する動植物種がどれくらいあるのか、誰にも見当が付かない。

中国が水供給の限界にぶつかる中、水をめぐる競争が激化しつつある。農家の使っていた水を都市や産業がこれまで以上に手に入れようとしているため、食料生産に利用できる水が少なくなっている。これは灌漑効率を高める広範な取り組みにつながり、今までのところ素晴らしい成果を挙げている。しかし効率を高めたからといって、ひっ迫した水供給を無限に相殺することはできない。

今のところ中国は、水不足が拡大する中でも水の利用効率の向上や他の政策手段によってどうにか対応し、「穀物自給率95%の維持」という長年にわたる目標を達成するペースで穀物収穫量を増加させている。しかし、この状況はすぐに変わる可能性がある。内陸西部の乾燥地帯から都市化が進む東部へ膨大な数の人々を移住させることに伴い広大な耕作地が放棄されたためか、ここ数年の中国の穀物収穫量は5億トンをわずかに超える程度で、少なくとも4000万トンは減少しているようだ。そして、この減少幅はさらに大きい可能性もある。中国は、主に食料不安に神経をとがらせていることから、「原則的に穀物の自給を維持する」という固い意志を有している。そのきっかけとなったのは、毛沢東時代の１９５９年から１９６１年にかけての「大飢饉」だ。公式発表によると、この飢饉で３７００万人が餓死した。この飢饉は人災であり、一夜にして工業化を成し遂げようとするお粗末な構想に基づく政策のせいであった。政府は何百万人もの村人たちにレンガ製小型溶鉱炉を裏庭に建設させ、鉄を作らせたのだ。使い物になる鉄は全く作ることができなかったにもかかわらず、この無謀な計画によって何百万人もの村民が畑を追われ、穀物収穫量は大幅に減少した。現在の中国政府上層部の中には、自分の子供時代にこの大飢饉を経験し生き延びた人もいる。このトラウマになるような歴史を背景として、食料安全保障はつねに中国にとって非常にデリケートな政治問題なのだ。

穀物の自給に精力的に取り組む一方で、大豆を栽培するための農地面積が減りつつある。そのため密かに中国は、大豆を海外（主に米国、ブラジル、アルゼンチン）に頼らざるを得なくなっている。現在、国際貿易で取り扱われている大豆総量のうち約60％が中国向けだ。原産国である中国においてでさえ、大豆は食用として幅広く消費されているわけではない。食用油として重宝されている大豆油を抽出するために豆を破砕した後に残る大豆ミールは、あらゆる国々で家畜の補足飼料として利用されている。他の国と同様、中国の農家は飼料穀物４に対して大豆ミール１を混ぜ合わせた標準的な混合飼料を、家畜や家禽に餌として与えている。飼料の中に大豆ミールを混ぜることで、家畜や家禽ははるかに効率よく穀物を動物性タンパク質に変換することができる。豚肉と鶏肉の消費量が急速に増えている中国において、大豆ミールの需要量は、比較的少ない国内産大豆の収穫量をはるかに上回っている。穀物の自給自足を最優先とする取り組み方を見ると、大豆の原産国である中国だが、今では自国で使用する大豆の約80％を輸入している理由が理解できる。

中国による大豆の輸入が急増した結果、また他のアジアの国々や欧州で輸入大豆に対する需要が増加したことも相まって、現在、世界最大の大豆輸出国である米国では、これまで主要穀物であった小麦やトウモロコシの作付面積よりも、大豆の作付面積の方が広い。実のところ、中国の14億近くの人口が大量の豚肉や鶏肉を欲していることと、そのための飼料穀物に混ぜるための大豆の需要が高まっていることが、米国で農業の再構築を引き起こしているのだ。現在、米国とともに大豆生産量の多い二つの国、ブラジルとアルゼンチンでも、同様の影響が出ている。この3カ国で、現在世界の市場に出回っている大豆の合計85％を供給している。

有害物質で飲み水汚染も

中国国内では、南部では水が豊富で北部では不足していることから、半世紀以上も前から計画されてきた「南水北調プロジェクト」が実施されている。三つの水路（東ルート、中央ルート、西ルート）を建設し、それぞれの水路を通じて水不足の北部へと水を運ぶ。東ルートと中央ルートの水路はすでに完成し、現在送水を行っている。最初に完工した長さ約１６００キロメートルの水路は２０１３年に送水を開始しており、南部から北部の天津地域まで水を運んでいる。西ルートも最近完成し、これら三つの水路によって北部の一部地域では水不足が緩和される予定だが、他の地域に到達することは地理的に不可能だろう。南部から北部へポンプで水を送る方法は、コストがかかり、かつエネルギー集約的なプロセスであり、一部の独立系アナリストはこの施策の妥当性に疑問を呈している。

中国において、水は不足しているだけでなく、危険な有害物質でひどく汚染されていることが多い。その結果、ガンの罹患率が異常に高い村が数多くあり、「ガンの村」として広く知られている。世界銀行は、中国の水汚染のコストが、主に人間の健康への悪影響をもたらすことによって、国内総生産（ＧＤＰ）の２・３％にも相当するとしている。中国生態環境部の職員は、国の経済成長の妨げになるため、汚染の実際の監視や管理はあえて行っていないことを認めている。つまり中国政府は、急速な経済成長と引き換えに国民の健康を犠牲にしているように見える。

中国の水危機について特徴的な事柄の一つは、その展開が非常に速いことである。国土の北半分全体で地下水位が低下し、文字通り何千もの河川や湖沼が消滅したことで、中国は前例のない難題に直面している。今や、水の需給バランスを取る上で、供給サイドよりも需要サイドでの行動がより多くを左右する時代に突入しているのだ。農業生産量をどれだけ拡大できるかには限界がある。土地の生産性は国際基準でみてもすでに高いレベルにあるからだ。例えば現在、中国の単位面積当たりの米の収穫量は、何十年も世界のトップだった日本並みに向上してきている。

今となっては、中国で土地の生産性、すなわち間接的には農業用水の効率性がさらに向上する可能性には限りがある。幸いにも、需要側で水を大幅に節約する可能性はいくらか残されている。例えば、中国では産業排水のリサイクル率は40％にすぎず、その割合は欧州のおよそ半分である。さらに、清華大学環境学部教授の王占生は「多くの国でそうであるように、中国都市部の水インフラに多く見られる水漏れや水の損失を修復するだけで、大量の水が節約できる」と述べている。

中国は、使用した水1立方メートル当たり8ドル相当の経済的利益しか得ていない。これは一つには、水を大量に使用している灌漑では財政的見返りが相対的に少ないためであり、また一つには非効率的な水利用が広く行われているためである。これは欧州の1立方メートル当たり58ドルとは対照的だ。この差の大部分は、中国では水供給に占める灌漑用水の割合が非常に大きいことによる。灌漑用水からは、水の使用量に対し相対的に低い経済的利益しか得られない。それでもやはり、水利用効率向上のための施策を採ることで、明らかに中国は多くを得ることができる。

時間はどんどんなくなっていく。２００1年に完了した中国の地下水調査によると、華北平原の心臓部にあたる河北省の地下では、当時でも深部帯水層の水位が1年に約3メートル低下していた。同省のいくつかの都市の周辺では、2倍の速さで低下していたところもある。地下水監視チームを率いる何慶成は、深部帯水層は枯渇し、「この地域は最後の水がめを失いつつある」と述べている。これが残された唯一のバッファーなのだが。

２０１０年、何慶成は「北京市は、水に到達するために地下３００メートルまで掘っており、これは１９９０年の5倍の深さである」と述べていた。世界銀行は中国における水の見通しに関する報告書を発表しているが、そのいつになく強い論調を見ると、同氏と同じ懸念を抱いていることがわかる。「水の使用量と供給量のバランスをただちに元に戻すことができなければ、『将来世代にとって破滅的な結末』が待っているだろう」と書かれているのだ。

先に述べたように、水利用の経済学は農業には有利に働かない。中国のように、産業の発展とそれに伴う雇用の創出が国家の経済目標で最優先されている国々では、農業は水供給において他への分配が終わったあとの残りしか受け取れない立場に置かれつつある。

石炭産業と奪い合う水

灌漑用水の需要が高まっていると同時に、石炭産業の水需要も高まっている。中国は国として困難な決断に直面している。すなわち、減少しつつある水資源を穀物生産のために使うか、あるいは現時点で発電の主燃料である石炭の採掘と洗浄を続けることに使うか、どちらを望むのかだ。後者においては、採掘過程、石炭火力発電所での蒸気発生と冷却に、水が必要だ。穀物に代わるものはないが、発電用の石炭に代わるものは存在する。つまりソーラーパネルと風力タービンだ。どちらも水を使わない。石炭の燃焼から、ソーラーおよび風力エネルギーの利用へと中国のエネルギー転換を加速させることで、石炭への依存とそれに伴う大量の水利用の両方が同時に減る。

中国の水不足は石炭部門に圧力をかけている。米総合情報企業ブルームバーグのニュースによると、陝西省大柳塔には世界最大の地下炭鉱があり、石炭の採掘、洗浄、加工に毎日文字通り何万キロリットルもの水を必要とする。ブルームバーグは「この町は、中国においてますます不足する水供給と、石炭火力発電で経済成長を推進する計画とのぶつかり合いが迫る震源地である」と述べている。

ブルームバーグは10年近く前に「石炭産業を推進し、炭鉱近辺にさらに多くの発電所を建設する政府の計画は、２０１０年から２０１５年の間に内モンゴル自治区の工業用水の需要を41％押し上げるだろう。これは、帯水層の枯渇と砂漠の拡大を引き起こすだろう」と述べている。環境保護団体グリーンピースの孫慶偉は、同団体と中国科学院による最新の共同研究をもとに、「炭鉱は農業から地下水を盗んでいる」と簡潔にまとめている。

ブルームバーグはまた「世界最大の石炭会社、神華集団が内モンゴル自治区の浩勤報吉近辺で掘った井戸が原因で、地下水位が約91メートルも低下し、この地域の村にあるそれよりも浅い井戸を干上がらせた」とも述べている。これも、どん底めがけての競争のもう一つの例である。この競争では、大手石炭会社が勝利を収めている。

中国で新たに起こりつつある水不足は、エネルギー経済の再構築をもたらすだろう。中国には、主要電源である石炭火力発電所を維持するのに必要な水を確保する余裕がもはやないことが、次第に明らかになってきている。水が不足している世界では、経済的優位性は石炭からソーラーおよび風力エネルギーへと、急激にシフトする。石炭は水への依存度が非常に高い。ソーラーおよび風力エネルギーは、水を必要としない。さらに、これらのエネルギー源は枯渇することもない。今日どれだけ使っても、明日使える量には影響しない。良いニュースは、中国では風力発電所の数が急速に倍増しており、現在では原子力発電所よりも発電量が多い、ということだ。原子力発電所も石炭と同様、冷却に多くの水を必要とする。

水問題を認識する中国

中国は、水不足問題に真剣に取り組み始めている。中国政府の新たな厳しい規制では、「江蘇省、広東省と上海にある製造業の拠点は、経済を成長させると同時に水の使用量を毎年減らしていくこと」を義務付けている。これを達成する方法の一つが水道料金の値上げである。ゴールドマン・サックスによると、2012年5月に広東省広州市は、家庭用の水道料金を50%、工業用は89%値上げした。こうした急激な値上げは、中国の他の地域、それどころか世界中の多くの地域でも今後水道料金の値上げが行われることを示唆しているのかもしれない。

アジア開発銀行は、水部門に大規模な資本投資が行われない限り、2030年の中国では水需要が水供給を年に2000億トンも上回る可能性があると予測している。ちなみに、この予測される不足分の水があれば、小麦を2億トン生産することができる。これは現在の中国の穀物収穫量5億トンの40%に相当する量である。

中国は、水資源の深刻な枯渇に早期に直面した国の一つである。14億近い人口を抱える中国は事実上、水不足に効果的に対処するために必要な政策を立案し技術を開発する、大規模な実験の先駆けとなりつつある。

2014年、海外開発研究所(ODI)水政策プログラムのリーダーであるロジャー・キャローは、『ガーディアン』紙に「中国の水ジレンマ」と題する洞察に富んだ記事を寄稿した。それによると、中国政府の抱える大きな課題は「ますます多くの量を欲する都市用水と工業用水に水を与えながらも、食料生産と国内農家の収入をどうすれば確保できるのか？」だ。水の総供給量は目いっぱいに使用されており、これ以上増やすことはできない。つまり、都市用水や工業用水を増やしたら、農業用水は減るのだ。世界全体で見ると、これまでつねに取水量の70％以上が農業で使われてきた。発電、鉱業、その他多くの業種を含む産業部門はおよそ20％を使用し、家庭部門は10％である。中国の水利用パターンもそれと同様のようだ。

水のコストはその利用効率に直接影響を与える。中国では、農家が払う水道料金はおよそ1立方メートルあたり1セントである。１０００トンの水で1トンの小麦を生産することができる。1トンの小麦は約２２０ドルの価値があるのに対し、その生産のための水のコストは10ドルだ。このような安い水道料金はぜいたくであり、これ以上長く享受する余裕は中国にはないだろう。

ここ数年中国は、水利用の監視に役立てて地下水汲み上げの上限を設定するために、衛星リモートセンシング技術の利用を始めた。今や中国は経済規模も人口規模も世界最大であるため、水問題に緊急に対応する必要があることを認識しつつある。また中国政府は、水不足が進むことによって水道料金が上がり、低所得者が水を手に入れられなくなった場合、政情不安が起き得ることも想定している。

海外開発研究所（ODI）水政策プログラムのリーダーであるキャローは『ガーディアン』紙の記事の中で、「深刻化する水不足に対する簡単な解決法は残念ながら、存在していない」と述べている。放っておくと、水の不足と汚染は、食料安全保障と経済の安定だけでなく、政治の安定をも脅かす。中国は、国内の水資源の絶対的な限界を圧迫している最初の国の一つだ。中国がこの状況にどう対応するかを、水ストレスを抱える他の国々の政府も見守っているだろう。そのような多くの国々も、水への依存度を減らし水利用の効率を高めるために、近い将来に経済を再構築する必要に迫られている。

第３章

インド

ー地下水位の低下、ほぼすべての州で進行ー

水不足はどこで発生しても一大事だ。だが、飲み水や穀物生産に必要な水が十分でなく、なおかつ、灌漑を地下水に大きく依存しているインドでは、特に重大な懸念材料である。モンスーンによる降雨で定期的に補給される河川や湖沼からの表流水は、供給が比較的安定していると考えられるが、地下水資源は急速に枯渇しつつある。井戸の掘削に認可が不要なために、インドでは現在、何百万ものポンプによって、地下水が涵養されるよりもはるかに速いペースで帯水層の水が汲み上げられている。

インドの年間地下水採取量は1950年代以降、10倍に膨れ上がっている。これによって、今インド北部の3分の2にわたって地下水位の低下が進んでいることの説明がつく。もし政府が帯水層の枯渇を食い止める計画を早急に策定することができなければ、この国の未来は本当に険しいものになるだろう。インドの水需要の増加は、主に人口の増加によって拍車がかかっている。インドでは、13億1000万の人口に毎年1900万が新たに加わっている。実質的にはオーストラリア一つ分の人口が毎年増えていることになるのだ。これに対して、インドとほぼ同じ面積の耕地を有する米国の人口は3億2100万で、毎年の増加は200万だ。インドの人口がこのペースで増加すると、2025年には14億4000万に達し、中国を抜いて世界最大の人口を抱える国となる。

インドは、2017年初めの時点ですでに国連の基準で「水ストレス」状態に分類されていたが、同国のウマー・バーラティ飲料水・衛生大臣が指摘しているように、一人当たりの利用可能な水量は急速に減っているため、近いうちに「水不足」状態のカテゴリーに移行してしまうだろう。世界第2位の人口大国が、さらに毎年１９００万ずつ人口が増加しているその最中に、「水不足」に転落する見通しは、恐ろしいとしか言いようがない。

水争いで死傷者も

インドは世界第3位の穀物生産国だが、1位、2位の中国と米国からは大きく引き離されている。農業の歴史の観点から見ると、１９６５年はインドにとって転換点となった年だ。その年にはモンスーンが吹かなかったことによる干ばつでインドの農業は大打撃を受け、飢饉を回避するために米国が自国の小麦収穫量の5分の1をインドに向けて送り出した。救済のための大規模なこの取り組みでは、都市部の消費者向けの穀物上限価格を農家支援のための政府価格に置き換えるなど、米国はインドの農業の政策転換のためにいくつかてこ入れした。その結果、農家は、農業にさらに投資することとなり、灌漑の急速な拡大に伴って新しい多収量品種の穀物を導入することにもなった。また、この緊急救済策でインドは、政府の管理下にあった肥料の生産と販売を民間セクターに譲渡するように求められた。このような政策転換の助けもあって、インドの穀物収穫量は１９６５年から２０１５年までの50年間に3倍になった。しかし残念なことがある。2016年時点で、インドの穀物の5分の3を生産するために必要な灌漑用水のうち、井戸水の占める割合は増加している一方、その井戸の多くは枯れ始めているのだ。このような帯水層枯渇の拡大をきっかけに、半世紀に渡り安定的に成長してきた穀物収穫量が止まってしまう可能性がある。

水不足はインドにとって命にかかわる脅威になりうる。2015年の国連『世界水発展報告書』によると、インドの32の大都市のうち、22の都市が日常的に水不足に直面している。インド、パキスタン、ネパール、バングラデシュなどを含むインド亜大陸には、17億の人々が暮らしているが、そこは一人当たりの利用可能な水量が世界で最も少ない地域の一つである。これらの国々を合わせた面積は米国の半分ほどしかないが、人口密度は米国の10倍だ。

インドは日に日に、水不足および、それと密接に関係する「水へのアクセスをめぐる争い」の時代に向かって進んでいる。トムソン・ロイター社の2016年6月29日のトップ記事、「干上がった中央インド、水を巡る争いで殺人と暴力が増加」を読むと、その様子が伝わってくる。この記事には「……格差は水不足に直面する多くの地域で共通の問題となっている。警察によると、その争いは頻度や残虐さを増している。また、近隣住民や友人、家族さえも攻撃し合い、残されたわずかな水を守るために死に物狂いになっている」とも報じている。2016年6月に報道された事件の中には、マディヤ・プラデシュ州の女性が水をめぐる争いで姉を殴って死

表 3-1　2017 年春の新聞記事からピックアップした水関連の見出し

新聞	日付	見出し
ニュー・インディアン・エクスプレス	2017年3月26日	首相官邸、水ストレス状態のインドで水戦争が迫りつつあると知らされる
ザ・タイムズ・オブ・インディア	2017年4月20日	パンジャブ州の67%で地下水位が低下
ザ・ワイヤー	2017年4月21日	デリーで地下水の危機迫る――見て見ぬ振りをするのはもう終わりだ
ザ・タイムズ・オブ・インディア	2017年4月25日	水危機に対する争いで立腹の女性たち、主要道路を包囲
WIRED	2017年5月2日	インドのシリコンバレー、渇水で瀕死状態

亡させたというものもあった。

インドでは水ストレスの兆しが容易に見てとれる。２０１７年のいくつかの新聞見出しを見るだけでも、これから先の困難を感じ取ることができる（表３―１を参照）。女性は水不足に特に敏感なようだが、それはおそらく、家庭用の水を手に入れなければならないからだろう。ボパールでは、女性たちが水不足に抗議して自分たちの村の近くを通る国道をふさぎ、２時間にわたる渋滞を生み出した。

インドの穀倉地帯であるパンジャブ州では、２０１５年10月から２０１６年10月にかけ、井戸の65％で地下水位が低下した。インドの地下水位の低下により、近い将来、かつてないほどの食料不足や食料価格の上昇、政治的混乱がもたらされる可能性が高い。

地下水位の低下は灌漑用水の供給のみならず、数億のインド国民が利用する都市飲料水の供給までも脅かす。『USAトゥデイ』紙のイアン・ジェームズは特集記事の中で、インドの水の研究者のパリニータ・ダンデカールの言葉を引用して「ここ数年間、暗い見通しが続いており、地下水位はますます低下している」と記している。

インドの首相官邸では、枯れる井戸が増えるにつれて水供給の制限が厳しくなっていくことで、州と州との争いだけでなく、州内の近隣の村同士の争いまで起こる可能性がある、という懸念を抱きつつある。地下水位が低下し人口急増が続いている状況で、水不足の拡大は物理的な争いにつながる可能性があり、それによってさらに負傷者や死者までも出しかねない。

水をめぐる衝突は日常茶飯事になりつつある。2016年9月13日のロイター社の記事は、水の分配に関する新たな判決を受けて、ベンガルール（かつてのバンガロール）と隣接するタミルナド州との長期化する河川水をめぐる争いについて報じている。一人が死亡、一人が負傷した事件だ。報道によれば、抗議者たちが数多くの自動車やバスに放火した事件も含めて、鎮圧しようとした15人の警察官が負傷したという。

残念なことに、このように深刻な水不足の状況下では、人々は自暴自棄になり、近隣住民同士の争いが日常茶飯事になってしまう。当局は、マディヤ・プラデシュ州の一部で穀物の灌漑や畜牛の水浴びのための水の使用を禁止したが、水はまだ不足していた。地方自治体は、数日に一度だけ水を供給しているが、いつ供給があるのか事前にはわからないことが多い。マディヤ・プラデシュ州にある町の中には、飲料用の水に限って供給されるところもある。残念だが、この状況が近い将来に改善される見込みはほとんどない。住民のニーズが持続可能な水供給量を超えただけでなく、人口増加をくい止めることもできていないために、この需要と供給との差は年々広がっているのだ。

ニューデリーでは、給水栓が機能するのは平均して1日わずか3時間で、21時間は乾いた状態である。世界銀行の上級エコノミストであるスミタ・ミシュラは「インドには24時間３６５日体制で水を供給する市は一つもない」と伝えている。このことはインド国外の多くの人にとっては驚きかもしれないが、インド国民にとって今や生活の一部にすぎない。こうした生活は、人口増加に歯止めがかからず、限られた水資源にさらなる圧力がかかることによって避けられないものとなっている。

井戸で灌漑用水を確保

インドの水の見通しは厳しいとしか言いようがない。マッキンゼー・アンド・カンパニー社は２０１３年の報告書で、インドの水需要は２０３０年までに2倍になると予測した。別の調査では、特にデリー、ムンバイ、ハイデラバード、チェンナイといった、インドの多くの都市で地下水源が急速に減少しているため、わずか数年のうちに枯渇する可能性があると伝えている。インドの『ビジネス・スタンダード』紙は、このような地下水の水がめの枯渇について「政治体制の大失態」と評している。

インドの西海岸にあって、人口が1000万を超えたばかりのマハーラーシュトラ州では急速に乾燥が進み、地方の水の専門家であるプラディープ・プランダリーは、この地域は砂漠化の危険にさらされていると考えている。2016年の春、この州が干ばつに直面していたときに、州内のオスマナバードやラトゥール、ビードといった行政区域では、タンク車50車両を連ねた鉄道輸送で、南の州境に位置するミラージから水を運び入れなくてはならなかった。

前述したように、インドは表流水と地下水の両方に依存して灌漑を行なっている。過去においては、ダム後方の貯水池に蓄えられてから自然流下型水路網を通じて分配された表流水が、灌漑に必要な水の大部分を占めていた。インドの広大なインド・ガンジス川流域には世界で最大のこのタイプの灌漑システムがある。その大部分は19世紀から20世紀前半の間に建設され、巨大複合水路を通じて、インダス川とガンジス川の両方からくる水の再分配を行なっている。

大部分が英国の統治下で始まったこれらの用水路網システムでは、管理者たちが個々の農家への送水のタイミングを決めていた。この巨大な中央管理型システムから送られてくる水が利用できる時期は、残念ながら、農家の作物のニーズにぴったり合うとは限らない。そのため、

図 3-1　インドの灌漑用の地下水と表流水の使用量（1961 ～ 2001 年）

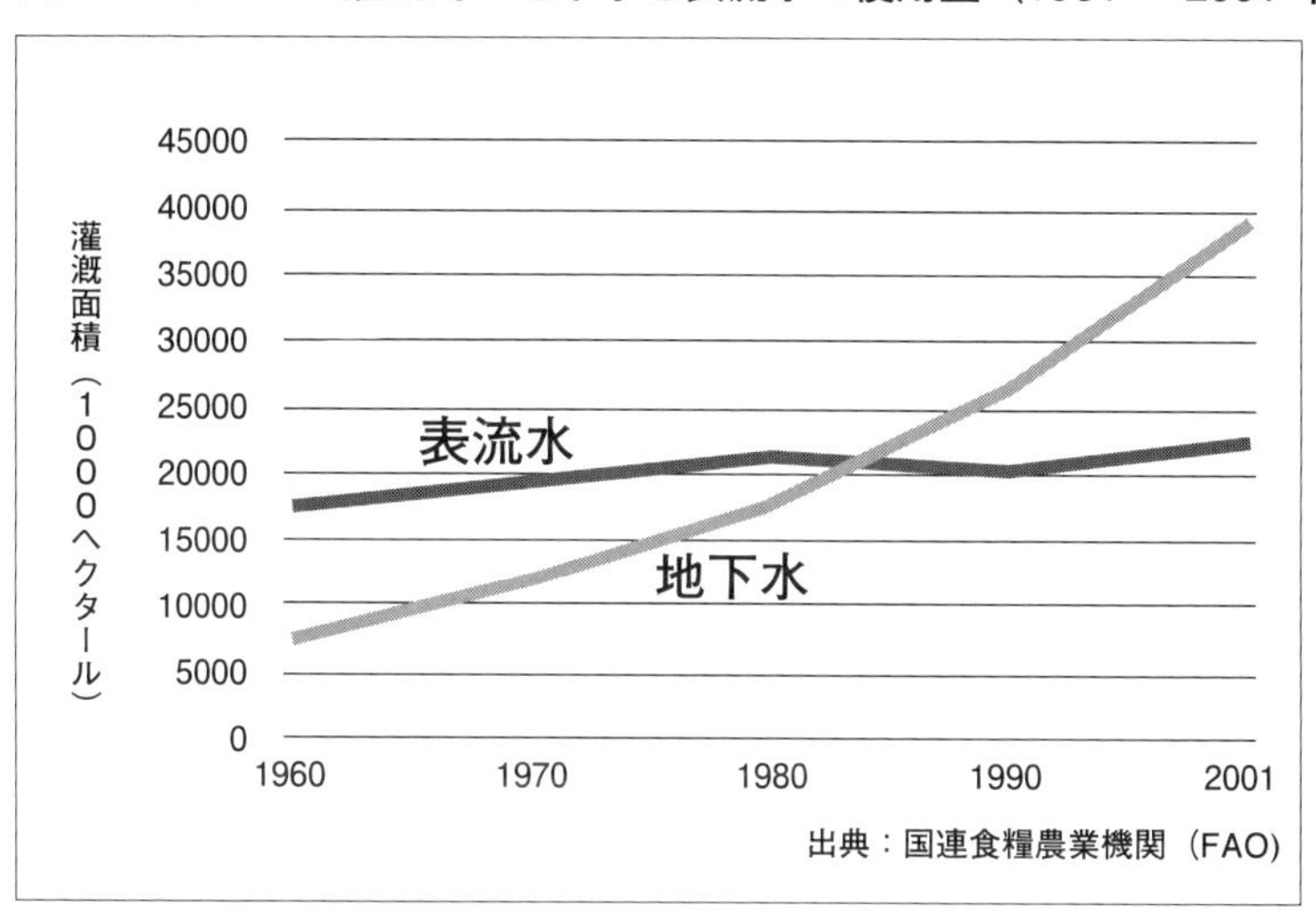

出典：国連食糧農業機関（FAO）

農家はこのシステムに対して強い不満を抱くことが多かった。しかし状況は変わることとなった。

廉価な揚水ポンプが市場に出回るようになった１９６０年代以降、農家は自前で井戸を掘るようになり、それによって送水の時期と流量を自分たちで管理できるようになった。１９８８年には灌漑用としての地下水の使用量が急増し、河川や湖沼からの表流水の使用量を上回った（図３―１参照のこと）。１９６０年から２０１０年までの間に、地下水資源を開発するための年間公共投資額は７倍に増加した。これに加えて、数百万の農家が自家井戸を掘るために投資したこともあり、インドの農業に新たな時代がもたらされることとなった。

世界銀行の上級アナリストであるウマ・レレは、インドの「掘り抜き井戸の革命（Tubewell Revolution）」——すなわち、重点を置く対象が、用水路システムを利用した灌漑から、自家ポンプを利用した個別管理の自家井戸に急転換したこと——によって、庶民でも灌漑が行いやすくなり、農村地域の貧困の緩和にも役立っていると述べている。

インドには多くの河川があるが、ガンジス川とインダス川が二大主要河川である。ガンジス川は、インドで人口密度が最も高い3州のウッタル・プラデシュ州、ビハール州、西ベンガル州を通り、2300キロメートルほどの距離を東に向かって流れたのち、隣国のバングラデシュを通ってベンガル湾に注ぐ。ガンジス川流域にはインドの耕地の30％があり、3億2300万人が暮らしている。7月から11月にかけてのモンスーンの季節には、ガンジス平原にある水は豊富だが、早期作物の植え付け時期にあたる1月から4月の乾季には、この地域はたびたび深刻な水ストレス状態となる。

インドで2番目の規模のインダス川流域は、インド亜大陸の北西部に位置し、この流域をパキスタンと分け合っている。その規模は、ガンジス川流域と比べれば小さい。インド側のインダス川流域の住民は6000万人ほどである。推定では、この流域のインド国土内の耕地のうち、30％が灌漑農地だ。

今や井戸の掘削において世界の中心であるインドでは、ポンプの動力となる電気に多額の補助金が支払われているため、水はぞんざいに使われており、その結果、地下水位はほぼすべての州で驚くべき速さで低下している。最も深刻な影響を受けているのは、北部にあるパンジャブ州、ハリヤナ州、グジャラート州である。この3州全体で、インドの残りすべての州の穀物をまかなっている。この3州は、いくつもの他の州に穀物を供給しているのだが、ＮＡＳＡがこの10年間に集めた衛星データによると、インド北西部の地下水位が世界で1番速く低下している。第1章でも指摘したように、そこでは、なんと涵養速度の15倍の速さで水が汲み上げられているのだ。この地域の中でも特に大きな打撃を受けている北グジャラート地区では、地下水位が毎年約６・１メートルずつ低下している。インドの中央地下水委員会のデータからは、２００５年から２０１３年の８年の間にハリヤナ州の一部で地下水位が７・６メートル、年間およそ０・９メートルずつ低下したことがわかる。ラジャスタン州やパンジャブ州の中でも水が大量に汲み上げられていた場所では、同じ8年の間に地下水位が合計で7・9から9・8メートル低下した。

インド南部にある人口７２００万のタミルナド州も、全域で地下水位が低下している。タミルナド農業大学元農業農村開発センター長のクパナン・パラニサミは、この地域の小規模農家が所有する井戸の95％が干上がっており、州内の灌漑面積はこの10年で半分に減ってしまったと指摘している。

広い土地を所有する農家はたいてい、井戸をさらに深く掘って、この先も灌漑を続けるだけの余裕がある。しかし、そういった農家の過剰な揚水は、いずれ帯水層を枯渇させることになる。言うまでもなく、その時には必ずや、帯水層が涵養されるペースまで汲み上げる速度を落とさなくてはならない。

水を奪い合う都市と農村

近年、インドでは穀物収穫量が急増しているが、それは「地下水のあまりにも過剰な揚水」という不適切な理由が一助となっている。世界銀行の10年ほど前の調査では、インドの食料供給の15%は地下水を無理やり取り出すことで生産されていると推定した。すなわち、持続可能ではない形で地下水を汲み上げて作られた穀物が、2億人近くのインド国民を養っていたのだ。

地下水位が低下するにつれて、広い土地を所有する人たちが地下300メートル以上もの深部にある水を手に入れようと、石油掘削技術を改変した技術を使うことが日常的になりつつある地域もある。帯水層が枯渇した地域では、農業は降雨にしか頼ることができず、飲料水はトラックで運んでこなくてはならない。インドの地下水研究の第一人者であるトゥーシャー・シャーは、インドの水事情について「悪い上にさらに悪化している」と述べている。国際水管理研究所の研究員であるシャーは「その影響は深刻である。深く非常に広範囲な影響だ」と述べ、「風船が破裂したとき、インドの農村部全体が言い表せないほどの無秩序状態になるだろう」と予測している。

とりわけ都市部では十分な水の確保が難しくなりつつある。国連の２０１５年世界水発展報告書によると、インドの32の大都市が日常的に水不足に直面している。さらに悪いことには、インド政府は国内の水資源データを国家秘密として扱っているため、国民は、地方レベルで賢く水資源を管理するために必要なデータを入手できずにいる。

水供給がひっ迫するにつれて、多くの農家では灌漑用水を都市に販売するようになってきている。それが表面化しているのが、東海岸にある人口９００万の都市、チェンナイ（旧称：マドラス）だ。この市では十分な水を住民に供給することができず、その結果、数千台のトラックを配備しているタンクローリー事業が登場し、活況を呈している。トラックの運転手が周辺の農村で水を買い取り、それをチェンナイ市に運び入れ、水を切望する住民たちに売るのだ。住民たちは、トラックが停まっているところに自分のコンテナを持ってやってくる。インドの水供給システムは日ごとにエネルギー集約的になっている。

都市部に近い農家にとって、これまでは灌漑に使ってきた水の市場価値は、現在、その水を使って生産できる穀物の価値をはるかに上回っている。要するに、地下水を都市部の住民に販売するほうが、その水を使って米や小麦を生産するよりもたくさん稼げるのだ。残念なことに、チェンナイ市に水を運搬している1万3000台の民間タンクローリーが運ぶ水は、周辺の農村の地下水源から汲み上げるしかない。地下水位が低下するに従って、さらに深層部にある井戸はますます干上がることになる。この影響を受けた農村地域は灌漑用水を奪われ、結果的に生計手段の一部も奪われることになるのだ。

隣国のバングラデシュは、水の豊富な国だと広く思われてきたが、現在はこの国でも、揚水が集中している農村地域で井戸が干上がり、水不足を経験しつつある。水供給がひっ迫するにつれて、農家は主食とする米を、小麦やジャガイモ、トウモロコシなど、米よりも水が少なくてすむ作物に変えつつある。バングラデシュ政府は今、国内の一部の地域が水ストレス状態に分類されていると認識している。

水の制約と闘う

三大穀物生産国の中国、インド、米国のうち、灌漑用水を地下水に最も依存しているのはインドである。この国の穀物収穫量の5分の3は灌漑地で生産されている。水についての正確なデータを入手するのは難しいが、インドはすでに水使用量のピークを超えている可能性がある。もしそうなら、中東アラブ諸国と同じように、水供給の減少に続いて穀物収穫量も減少していくのだろうか？　13億1000万の人口が毎年1900万人ずつ増加しているインドにとって、穀物収穫量の減少は恐ろしい見通しである。

帯水層からの過剰な汲み上げを回避することは難しい。一つには、水需要が着実に増加しているからだ。そして、通常は井戸が枯渇し始める前には地下水位の低下に気がつくことができないという理由もある。インド政府は、遅ればせながら２０１３年７月に、国内の帯水層の地図作成のための費用を増額すると発表した。利用可能な水量と枯渇の速度についての理解を深めるためだ。これは、正しい方向に向けての方策だが、数年前に行なわれるべきだった。

インド政府ができること、それもすぐにできることがいくつかある。第一はシンプルに、灌漑用地下水の無頓着で過剰な汲み上げを奨励する無分別なエネルギー補助金を、段階的に減らしていくことだ。第二に、モンスーンの大雨の時期に発生する余剰の水を、地元で作る即席の小さな貯水池や屋根の上に貯めておく伝統的な貯水方法を復活させることだ。この方法なら、その地域の地勢に応じて、世帯ごと、あるいは農民たちのグループごとに実行できる。こうして蓄えられた水は、乾季やモンスーンの勢いが弱い時に、影響を緩和する一助となり得る。

農家は、もっと効率的な灌漑技術を利用し、水をあまり必要としない穀物を栽培することで、水の使用量を減らすこともできる。例えば、1トンの米を生産しようとすると、同量の小麦を生産する2倍の量の水が必要となる。米の栽培適地、小麦の栽培適地もあるが、両方とも栽培できる地域もたくさんあり、このような地域では小麦の水効率の高さを十分に生かすことができる。

　インドは複数の途方もない課題に直面している。国内の「水赤字」が増大し、そのために過剰な揚水が行われている中で、過去の政権が軽視してきたいくつもの水問題が今、姿を現し始めている。中でも、水の価格を引き上げなくてはならないのはほぼ確実だ。

　ニューデリー近郊の裕福な地域でさえも、十分な生活用水を手に入れるのに苦労している。元公務員のラクビンダー・シングは、『フィナンシャル・タイムズ』紙でこの問題に言及し、ニューデリー近郊の都市ドワールカーについて「この区域について市が計画を立てた時には、水問題について全く考慮していなかった。水システムを管理するものは何もなかった」と述べる。１２０戸の集合住宅の住宅協同組合は自分たち用の井戸を掘削したが、その井戸からの飲料水の供給は10年前に途絶えてしまった。デリー開発公社（Delhi Development Authority）の副社長であるバルビンダー・クマールはこう述べる。「地下水はいたるところで、特にインドの北部で問題になっている。とりわけ利用可能な水量の面では、事態は日増しに悪化していく。地下水位の低下は進んでいる。これは、インド政府と都市計画立案者の両者にとって重大な懸念事項なのだ」。

　このように水の制約はあるものの、ドワールカーでは、すべての空き地に家屋が建てられれば人口は2倍以上になると予想されており、最終的には１３０万人に達すると見られている。

この地域の一部では、水不足がすでに非常に深刻なために、住民たちは消火用に備蓄されている水を使い始めている。

水不足にどう対処するのか？　２０１６年の初夏には、厳しい干ばつと記録的な暑さのために、何百万もの農民たちがインド各地の土地から追われることになった。ジャーナリストのキース・シュナイダーは、水問題を報じる『サークル・オブ・ブルー』の中で、インドの36地区のうち19地区が深刻な干ばつに苦しんでいた、と記している。ウッタル・プラデシュ州とマディヤ・プラデシュ州との境にまたがる農村地帯では、その全域から人がいなくなってしまった。この農民たちは、増加の一途をたどる水移民の一部である。国際的な非営利団体のウォーターエイドは、インドの飲料水の85％を供給する帯水層で地下水位が低下していると報じている。

人口増加や、それに伴う過放牧や過耕作、地下水の過剰な揚水、さらには森林伐採などが組み合わさって、インドの砂漠化をもたらしている。インド宇宙研究機関の２０１６年の報告書には、「インド国土の30％が砂漠に変わりつつある」というショッキングな観測が掲載されている。ラジャスタンやグジャラートなどの州では、その土地の半分以上が近いうちに砂漠になると見られている。８年間にわたって収集されてきた衛星データは、それ以外の州、北部のジャンム・カシミール州や東部のオディシャ州などの中に、新たに砂漠化している地域があることを示している。土地にかかる人口の圧力が強まるにつれて砂漠化する地域はますます増加し、この流れを逆転させるのはこれまで以上に難しくなる。

インドが直面している難題は、水の管理を含めた効果的な水利用計画を地域ごとに策定することである。現在は、希望すれば誰でも井戸を掘ることができる。許可が不要な状況では、地下水を自由に汲み上げることを公的に制限し、無駄遣いをなくすための手段はない。無許可の状況が長期にわたって実行できる運用システムでないのは明らかだ。

インド政府が直面している水問題に関するリストには終わりがないように見える。元財務相は「水をめぐる市民の小競り合いが相次いでいる」ことに警鐘を鳴らした。これを受けて、水資源相は皮肉たっぷりに、自分は実際には「水紛争相」だ、と言葉を返した。

経済にも影響する水不足

現在、インドで持ち上がっている問いの一つは、「水不足によって経済成長が制約を受け始める可能性はあるだろうか?」だ。この問題が提起されつつある背景は、水不足は実際に農業の発展を制約する可能性があり、それに伴って経済発展全体が制約される可能性もある、と考えているアナリストが増えているためである。

インドの水不足がもたらす難題は急を要するものだ。インドが保有する淡水は世界の淡水の4%であるにもかかわらず、この国は、世界人口の17%に当たる人々を養わなくてはならない。

よい知らせは、限られた灌漑用水から最大量の食料を得ようとして、インドの農家の多くが、点滴灌漑などの効率の高い灌漑システムへの切り替えを進めていることだ。点滴灌漑は一定間隔に小さな穴のあいているホースを利用するもので、水はその穴からごくゆっくりしみ出してきて、蒸発する前にすばやく土に吸収される。このマイクロ灌漑システムは、穀物生産を増やす一方で水の使用量を減らすという、両方に利益をもたらすものだ。しかし残念なことに、インドの小規模農家の多くは、この灌漑方法に必要なホースや関連器具に初期投資する余裕がない。農民たちがこれに移行するには政府の援助が必要だろう。

伝統的な湛水灌漑から効率性の高い散水灌漑に切り替えると、水効率を40％も改善することが可能だ。湛水灌漑から点滴灌漑に切り替えれば、水効率をさらに高めることができる。農業は国内の水利用の５分の４を占めていることから、このように灌漑技術への移行を始めることは、インドの農業を持続可能にする大きな一歩になる可能性がある。そして、さらに重要なのは、これによって人口増加に歯止めをかけるための時間をある程度稼げる可能性があることだ。

インドの水の見通しは全般的に厳しい。帯水層が枯渇して地方の水供給がストップすると、深い井戸を掘る余裕のない農民たちが水を求めて都市への移住を余儀なくされ、大規模な移住が発生する可能性があるのではないだろうか？　要するに、簡単な解決法はないのだ。人口が毎年１９００万人ずつ増え続けている限り、インドの水不足を解消するための簡単な方法はない。

システムがうまく機能しない時には、個人が自分たちの力で何とかしようとすることがある。例えば、ニューデリーでは自治体の水供給が不安定なことから、1500万人の住民のおよそ4分の1の人々が市内で自家井戸を掘ることとなった。このことで大きく増した水需要は、当然のことながらニューデリーの地下水位を急激に低下させる一因となりつつある。「共有地の悲劇」の典型的な例である。

過剰な汲み上げに基づく食料バブルが、突然、壊滅的に崩壊するのを回避するためには、インドの食料安全保障に対する根本的な脅威に取り組む必要があり、これは人口増加に歯止めをかけることを意味する。そのためには、若い女性に対する教育の強化や、女性向け医療における追加的な取り組みの提供、さらには公的な家族計画サービスの提供が必要となる。食料安全保障に取り組むことは、水の使用量と温暖化への影響の両方を減らすことは、エネルギー政策を見直すことも意味する。人口13億1000万人のこの国は、気候変動によって将来の食料安全保障が脅かされている一方で、低コスト電力に変換できる太陽光エネルギーと洋上風力の両方が豊富にあるにもかかわらず、新しい石炭火力発電所の建設を進めている。信じられないほど近視眼的である。

インドの水の将来を分析する人たちは、そう簡単には楽観的になれない。世界銀行の予測では、今後20年の間にインドの一人当たりの水供給量は１０００立方メートルにまで落ち込むという。これは、食料を無理なく供給しつつ他の基本的ニーズを満たすのに必要とされる１７００立方メートルをはるかに下回る。もしインドの一人当たりの水供給量が１０００立方メートルを下回れば、この国は、国連環境計画（ＵＮＥＰ）が定義する「危険ゾーン」に分類されることになる。ＵＮＥＰはさらに、インドの人口が15億人を超えると予想される今世紀半ばまでに、この国の水のニーズは、持続可能な供給量を30％上回ると予測している。『ヒンドゥスタン・タイムズ』紙は、インドの人口圧力の高まりについて「家族計画の義務化という厳しい政策を取り入れるだけで、刻一刻と迫りくるマルサスの大破局[注3]から次世代を救うことができる」と記している。１９７９年に中国が一人っ子政策を取り入れることになったのは、これと同じような圧力の高まりによるものだった。

インドには、水の豊富な河川流域から水の乏しい流域に水流するための巨大な用水路網の建設を提唱する声もある。この計画は、46の河川（そのほとんどが主要河川）を、全長６５００キロメートルとなる30本の用水路網と連結しようというものだ。およそ32基の大型ダムの建設も含めると、推定で２０００億ドルかかる計画だ。とりわけ、このプロジェクトについては、公表されている情報や公的に分析されている情報がほとんどないことから、多くのアナリストたちはこの提案の真価を疑問視している。独立した観測筋の多くはこの大型プロジェクト案を公然と批判している。ニューデリーにあるジャワハルラール・ネルー大学環境科学部の地質学者は、この河川連結計画によって、インド亜大陸でこれまで見たこともないような規模の環境破壊がもたらされる可能性があると言っている。

悪化が進むインドの水状況の深刻さは、以前から認識されている。2005年の世界銀行の報告書は、急速に膨れ上がる地下水の需要は帯水層の持続可能な涵養量を超えつつある、と記していた。この報告書の著者である故ジョン・ブリスコーは、「国内の表流水と地下水を合わせた利用可能な水量は、2005年の5000立方キロメートルから2050年には80立方キロメートルにまで低下する」と予測していた。同氏は「国内の帯水層の15%はすでに深刻な状況にあり、これが2030年までには60%になる可能性がある。極めて深刻な状況だ」と語っていた。

インドが苦境に陥っているのは間違いない。水不足が人々にもたらす直接の影響に加えて、水供給のひっ迫が近いうちに雇用創出や経済発展の妨げになる可能性もある。また、深刻な水不足は飢餓や脱水症にもつながるため、水供給のひっ迫は、多くの人命を奪う可能性もある。そこで問われるのは、あまりにたくさんの井戸が干上がって政治的に管理不能な状況になる前に、インドが水利用と利用可能な水量とのバランスを再構築することができるかどうかだ。

注3　マルサスの大破局
イギリスの経済学者トマス・ロバート・マルサスは、人口を抑制しないと食料供給が間に合わなくなると結論づけた。

第４章

減少しつつある
米国の水資源

米国は世界の穀倉地帯であり、およそ100カ国に穀物を供給している。それにもかかわらず、米国でも地下水資源が急速に枯渇しつつあり、穀物を輸出し続ける力が弱くなっている。世界の穀物輸入国は驚くべき速さで自国の地下水資源を枯渇させている国が多い。恐ろしい問いかけがある。そういった国々は米国の穀物輸出の減少にどう対応するのか？　ということだ。

世界最大の帯水層も水位低下

米国の灌漑農地面積は、1964年には合計約15万平方キロメートルだったが、その後着実に増加し、1997年には約22万7000平方キロメートルに達した。その後の10年間の増加はごくわずかで、2007年に約23万1000平方キロメートルになった。灌漑面積は、数十年間増加が続いた後に横ばいとなり、今では緩やかに減少している。広大なハイプレーンズ帯水層とカリフォルニア州中部の帯水層の両方で、現在の揚水速度ですら枯渇が進行していることを考えれば、米国で地下水の灌漑利用がこれ以上、大幅に増加することはありそうもない。それどころか、米国の灌漑面積は頭打ちになり、何十年も続く可能性のある緩やかで長期的な減少が始まっているようだ。その結果、世界の穀物市場がひっ迫し、世界の食料価格が押し上げられるかもしれない。

米国では、灌漑が盛んな州はすべてミシシッピ川より西にある。現在の灌漑面積でトップ5

をみると、上位からネブラスカ州、カリフォルニア州、テキサス州、アーカンソー州、アイダホ州である。カリフォルニア州は何世代にもわたって全国一の灌漑州だったが、今では4000万人の住民を抱え、消費者の水の使用量が急増して、灌漑に利用できる水が減っているため、近年では灌漑面積が減少している。その上、農業以外の水需要が増加し、それに応じて州が水を振り向けたため灌漑に利用できる水はますます減少した。それればかりではなく、増加する生活用水の需要を満たそうと、州が積極的に水を転用したために、カリフォルニア州は米国の「灌漑先進州」トップの座を人口密度の低いネブラスカ州に明け渡した。中西部のネブラスカ州では、表流水と地下水の両方を利用して灌漑面積を拡大しており、「灌漑先進州」のトップに浮上したのだった。

米国で灌漑に用いられる最大の地下水資源は、ハイプレーンズ帯水層（オガララ帯水層）だ。これは世界最大の帯水層のようである。この帯水層は八つの州にまたがる広い地域の地下に横たわり、米国の灌漑用水の30％を供給する。全量または一部をハイプレーンズ帯水層から得ているのは、北から南に向かって、サウスダコタ州、ネブラスカ州、ワイオミング州、コロラド州、カンザス州、オクラホマ州、ニューメキシコ州、テキサス州である。

米国地質調査所の報告によれば、1950年から2013年までの調査で、ハイプレーンズ帯水層の地域にある灌漑用井戸の数は、最近まで急速に増加していた。1950年から201

図4-1　ハイプレーンズ帯水層（オガララ帯水層）の位置

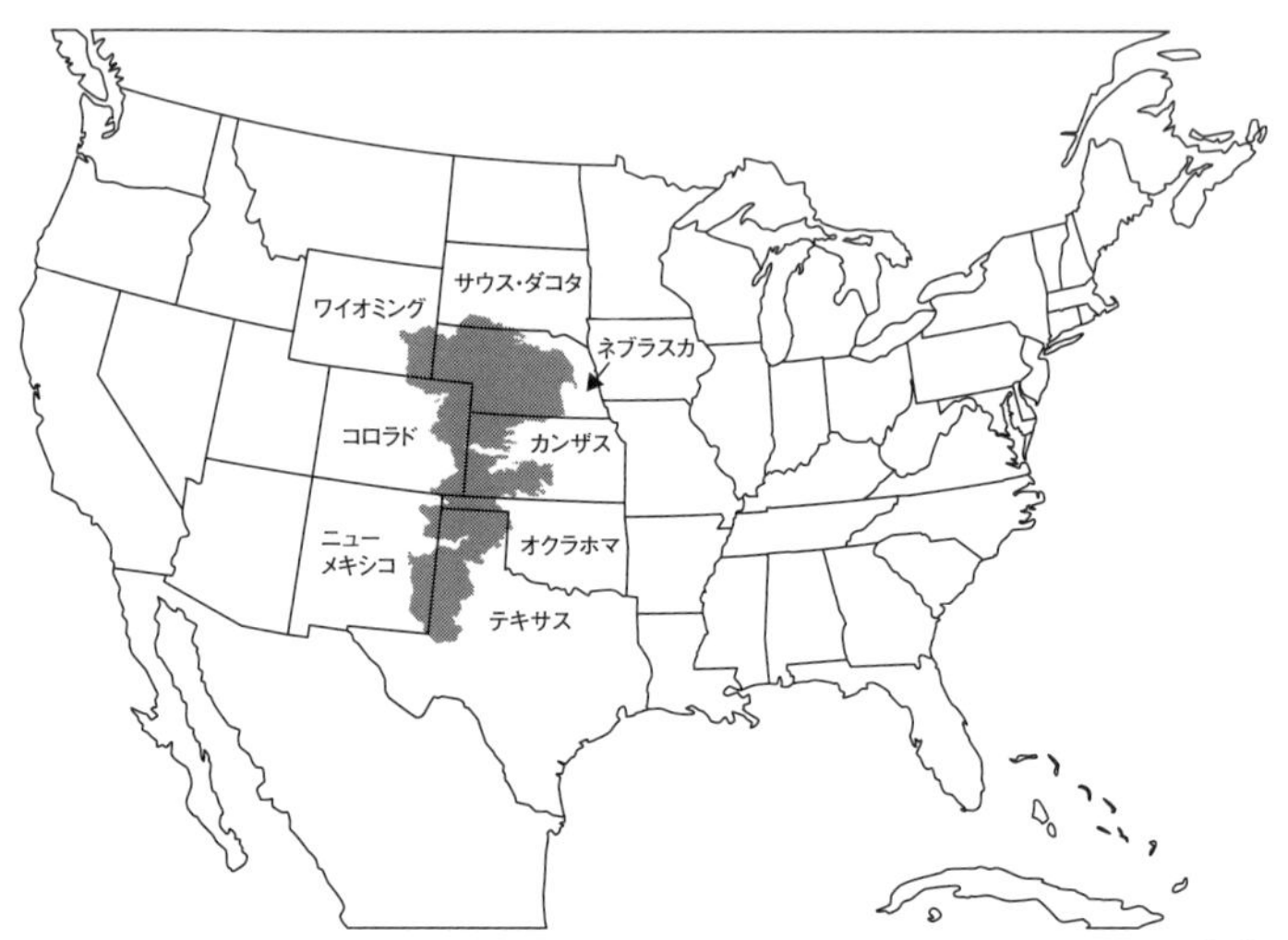

U.S.Geological Survey,Scientific Inverstigations Report 2009-5019 から作成

3年までに、こうした井戸の数は３３４９基から７４６０基へと、倍以上に増加した。その一方で１９５０年から２０１１年までの61年間に、帯水層の水位は約４メートル低下した。つまり、５年ごとにおよそ30センチメートルの低下である。しかし、２０１１年から２０１３年までの２年間は低下速度が加速し、毎年約30センチメートルとなった。このように、ペースを上げながら地下水位の低下が続く可能性があることは、灌漑用水をこの帯水層に頼る農家にとって大きな気がかりである。

ハイプレーンズ帯水層の枯渇は、最も浅い部分である南端から始まった。広大な「穀物とウシの州」であるテキサス州は、州の北部がこの帯水層の南端の上にあり、灌漑による穀物作付け面積は１９７５年にピークに達した。その後、この面積は65％が減少しており、最も急激な減少はここ数年に起きている。カンザス州の灌漑による穀物作付け面積は、１９８２年にピークを迎え、その後41％減少している。今や小麦だけでなくトウモロコシでも全米有数の生産地となったネブラスカ州でも、灌漑面積のピークは２００７年で、その後減少し始めている。

多くの国で穀物は米国からの輸入に頼っていることを考えれば、不安なのはこの地域の農家だけではない。スタンフォード大学の顧問教授バーク・グリッグスは、「ハイプレーンズ帯水層の枯渇は国際的に重大な危機だ」と言い、さらにこう付け加えた。「あの帯水層の枯渇に個々の州がどう対処するかが、世界中に影響をもたらすのは間違いない」。要するに、ハイプレーンズ帯水層の不安定化は、地域の農家にとって重大であるのと同じくらい、米国の穀物を輸入する国々にとっても重大なことなのだ。

地下水を急速に失いつつある米国の主要な農業地域の二つ目は、米国南西部の大半を占めるコロラド川流域だ。この地域の水は、コロラド川に大きく依存している。この川は、まさに南西部のライフラインである。４０００万人を超える人々に生活用水を、そして農家にはおよそ１万６０００平方キロメートルの土地を灌漑するのに十分な水を供給しているのだ。「地域の帯水層」が使い果たされつつあるなか、コロラド川流域でこの川の水に頼る農家が非常に多いことは、懸念すべき問題だ。理由はシンプルである。この「地域の帯水層」も、使い果たされつつあるからである。米国地球物理学連合によれば、「2014年に行われた新たな研究から、干ばつに見舞われたコロラド川流域で2004年の後半以降に地下から汲み上げられた水の76%以上が、地下水が再び補給されるペースより速く失われたことが判明した。この地下水の枯渇は、米国西部の水の安全保障において、これまでに考えられていたよりも大きな脅威をもたらすかもしれない」とある。そして地下水が失われ続けていることは、当然ながら将来の食料安全保障への懸念を高める。

コロラド川の水に対する需要がとても多いため、この川の水の大半が終着点であるカリフォルニア湾に到達しないこともうなずける。上流にある二つのダムによって大きな湖が形成されている。グレンキャニオンダムによってパウエル湖が、もっと下流ではフーバーダムによってミード湖が造られた。いずれの湖も膨大な量の水を貯え、南西部に住む人々の水の安全保障に役立っている。残念なことに、水の安全保障という貯水の役割は過小評価されることが多い。気候変動が予測通りに加速すれば、農業システムはますます気候システムと調和しなくなっていくだろう。気候変動の大要がより明らかになるにつれて、農家は作物の選択や、植え付けの時期、輪作のパターンを適応させなくてはいけない。人間が引き起こした気候変動に直面する中で、農家は進行する変化に合わせて自分の生産環境の調整を続けることになるだろう。

さらに状況を悪化させているのは、米国南西部が凄まじいほどの人口急増に直面していることだ。この増加を引き起こしているのは、自然増と、絶え間なく流入する移民である。移民の多くは、イランをはじめ、干ばつに悩むほかの国々から来ている。この人口増加が水の需要をさらに増大している。この事実が究極的に意味するのは、水やりをせず茶色く乾燥した芝生へと切り替え、裏庭のプールをやめて地域のプールを利用し、もっと水を効率的に使う家電製品を用い、シャワーを浴びる回数を減らし、ゴルフコースをすき返して、水の使用量を減らすということだ。主要な水利用者である農家にとっては、より水効率の良い作物に移行し、灌漑の効率を高め、さらに干ばつのときには土地の一部を休ませなくてはならないということである。

増大する水需要が招く過剰揚水

ハイプレーンズ帯水層は米国の灌漑用水の30％を供給しているが、帯水層にもともとあった水量の３分の１は過剰揚水により失われている。結果として、今後この帯水層が米国の灌漑に提供できるであろう水量は年を経るごとに減っていく。米国科学アカデミーのある記事では、ハイプレーンズ帯水層にある井戸が現在のペースで水を汲み出していたら、あと30年しか持たないだろうと推定した。帯水層は完全に枯渇し、この地域は地下水の再補給を降雨と雪解けに頼るようになるだろう。極めて対照的に、２０１５年に３億２１００万だった米国の人口は、この時期に3億9200万に達すると予想されている。これは7100万人の増加、つまり22％増だ。増え続ける人口と、灌漑に利用できる地下水供給量の減少が相まって、遠くない将来に報いを受ける日が訪れそうだ。

テキサス州、オクラホマ州、カンザス州、ネブラスカ州など主要な穀物生産州の農家は、過剰に水を汲み上げている。これらの州では、この数十年の間に灌漑によって小麦の収穫量を増やし、場合によっては小麦よりもはるかに収量の高いトウモロコシへ切り替えてきた。例えばカンザス州は、長きにわたり代表的な「小麦の州」として知られていたが、現在では、小麦の生産量を超えるほどのトウモロコシを生産している。しかしハイプレーンズ帯水層の水が減り続ければ、この転作は長続きしないだろう。

『ニューヨーク・タイムズ』紙のマイケル・ワインズ記者は、この地域に広がりつつある水不足の影響について、『マザージョーンズ』誌に次のように書いている。「しかし、カンザス州とコロラド州の州境近くのなだらかに起伏する平原とタールマック（砕石とタールを混ぜた舗装道路材）に覆われたような農地では、どこを見ても枯渇の影響がはっきりと分かる。ハイウェイの橋は乾ききった川床の上にかかり、60年に及ぶ揚水によって地下水の水位が数十メートル、いや数百メートルも低下したために、かつては地上を血管のように伸びていた小川や川のほとんどが干上がってしまった」。

その南では、今は好況に沸くテキサス州が水資源を急速に使い尽くそうとしている。州の地下水位は、水集約的な水圧破砕法（フラッキング）を使う石油産業やガス産業が入ってくる前からすでに下がりつつあったのに、人の大量流入と、最近のこうした産業の大量流入のために、水の使用量は大幅に増加した。

テキサス州西部では、持ち家所有者の一部が、石油会社やガス会社が加わり激しさを増す地下水をめぐる競争から脱落しつつある。さらに深く掘る余裕のない者は断念して、米国内で問題なく生活用水を利用できる地域に引っ越していく。「米国における水移民」の先駆けだ。上昇する生活用水コストを負担しきれなくなった人々なのだ。今や米国は、中国やインド、イラン、パキスタンなどの「国内の水移住」が起きている人口の多い国々の仲間に入ろうとしている。

カンザス州は近年、記録的な穀物の豊作を享受してきたが、これは長続きするはずがない。なぜなら、州内の農家はハイプレーンズ帯水層から、現地の涵養速度の6倍の速さで水を汲み上げているからだ。そう遠くない将来、どこかの時点で、こうした井戸のほとんどが枯れるだろう。地下水位が下がるにつれて、灌漑地は姿を消し、家畜の飼育場は空っぽになり始め、今は過剰な大穀物倉庫も古いものから打ち棄てられてしまうだろう。過剰揚水によって一時的に膨らんでいる現在の繁栄の終焉が来る。次々と井戸を掘っていた時代は、紛れもなく「ゴールドラッシュ」だった。それは第二次世界大戦後まもなく、世界の穀物市場が記録的な速さで拡大し、新しくより高効率の灌漑ポンプが市場に登場し始まったものだ。しかし、ほかのゴールドラッシュと同じように、これも長く続くはずはない。

灌漑面積の減少は今に始まったことではない。これまで述べたテキサス州やカンザス州のほか、全米有数の農業州であるネブラスカ州では、1950年ごろに灌漑が始まってから、地下水位が15メートル以上も低下した。ネブラスカ大学の地球科学者マーク・バーバックは、次のように述べている。「いわゆる『井戸の底』に行きついていないのは確かだが、ネブラスカ州の多くの地域での地下水位の低下の深刻さについては、議論の余地はない。警戒すべきだという見方さえできる」。ネブラスカ州は今では有数のトウモロコシ生産州でもあるが、同州の灌漑面積は2007年にピークに達した。

大草原地帯のいくつかの重要な州では、帯水層の枯渇によって穀物収穫量が減少しつつある。しかし、この減少はまだ米国全体の穀物収穫量を減少させるほどではない。この国全体の穀物収穫量の大部分は、極めて生産性の高い中西部のトウモロコシ地帯に集中している。先に述べたように、生産性の高いアイオワ州はカナダよりも多くの穀物を生産しており、隣のイリノイ州の生産量もそれに続くものだ。

帯水層の枯渇の影響は、時には身近なところにも及ぶ。例えばニュージャージー州のカンバーランド郡は、州の南西の隅に位置し、州境のデラウェア川の川幅が広がり、デラウェア湾になっていくあたりに位置している。そこには私が育った家族農場があるが、地下水位は約2メートル低下している。

皮肉なことに、国中で最も乾燥した地域である米国南西部は、最も速いペースで人口が増加している。人口4000万人のカリフォルニア州は、今では人口3400万人の隣国カナダよりも多くの人口を抱えている。俗に「金の州（ゴールデンステート）」と呼ばれるこの州では、年に100万を超える人口が増えているのだ。これは、例えばアイダホ州やメイン州の全人口に等しい数だ。もともと住んでいた住民の自然増と、ほかの州や海外からの移民の両方による増加が、結果として持続可能でない水準の給水需要をもたらしている。

水ストレスが迫るカリフォルニア州

地下水位が低下して井戸が枯れ始めると、農家の間で一番深い井戸を掘る余裕があるのは誰かという競争が起こることがある。そうすると、それほど裕福でない農家は手立てがない。生産性の高いカリフォルニア州のセントラルバレーでは、野放しの地下水の汲み上げによって、帯水層が急速に枯渇しつつある。要するに、現在の経済成長は、過剰な汲み上げによって支えられている面があるのだ。当然ながら、これは短い期間しか続かない。水の40％近くが地下水源から供給されるこの大きな州では、この問題に関する懸念は高まるばかりだ。

カリフォルニア州のセントラルバレーは、その規模としては米国全体、ひょっとすると世界全体でも最も生産性の高い農業地域である。ハイプレーンズ帯水層の水が穀物生産に用いられるのとは対照的に、セントラルバレーの帯水層の水は果物や野菜、ナッツ類などの高価な作物の生産に用いられる。ハイプレーンズ帯水層地域の農業生産額は、年間350億ドルあたりを上下するのに対して、はるかに小さいが集約的な農業が行われているセントラルバレーは、210億ドルもの農産物を生産している。

広く知られてはいないが、カリフォルニア州は世界屈指のナッツ類の供給地である。ナッツ類を輸出することは、水を輸出することに等しい。アーモンド1粒を生産するのには3・7リットルを超える水を使うのだ。ピスタチオ1粒の生産には約2・8リットル、そしてクルミ1粒の生産には20リットル近くの水を使う。カリフォルニア州で収穫されるアーモンドの3分の2は海外に出荷され、その大部分が中国に向かう。

カリフォルニア州の農家は、ほかのどの州よりも、それどころか他の国よりもはるかに大量の農作物を生産している。残念なことに、この果物や野菜、ナッツ類の生産のすべてが持続可能なものではない。米国地質調査所は、カリフォルニア州南部のモデスト市周辺では地下水位の低下が30メートルを超えると報告している。州内の生産性の高いトゥーレアリ盆地では、地下水位は約150メートル低下している。トゥーレアリ郡の農家マーク・ワッテは、水の見通しについて、「セントラルバレーの自分のいる地区は、かつては砂漠だった。もう一度、砂漠になるのかもしれない」と言っている。カリフォルニア州の水文学者バンス・ケネディは、地下水位が低下する中で隣人に後れを取らないようにと個々の農家が井戸をどんどん深く掘る様子を「まるで軍拡競争のようだ」と言う。

数十年に及ぶ過剰揚水により、カリフォルニア州の地下水資源はひどく枯渇してしまっている。米国地質調査所は、もし州内のすべての人が今日、地下水の汲み上げをやめたとしても、州の帯水層が自然に補給されるのには50年かかるだろうと指摘する。もはや事は明白だ。カリフォルニア州はひどく水の乏しい州なのだ。カリフォルニア州は南北間の水の不均衡に苦しんでいる。州の北部は何不足なく水の供給を受けているが、水の大口消費者は、重要なことに、価値が高くて新鮮な同州の農産物の多くを栽培する農家を含めて、州の中部と南部に集中している。カリフォルニア州のセントラルバレーのように水不足が進みつつある地域では、水の価格が上昇している。過去5年間に、水の価格は10倍という前代未聞の上昇を示した。そして驚くことに、農家は実際、サンタバーバラ市よりも高い値を水に付けているのだ。

米国の給水が十分な地域、具体的に言えばミシシッピ川より東の地域でさえも、水の管理をめぐる争いは驚くような頻度で起きている。ウェストバージニア州は、メリーランド州がポトマック川を管理下に置いた過去の取り組みに対して異議を唱えており、この訴訟を連邦最高裁判所まで持ち込むと強気の姿勢だ。ずっと南ではフロリダ州が、隣州ジョージア州によるアパラチコラ川～チャタフーチー川～フリント川流域の上流での取水を減らすよう、連邦最高裁判所に求めている。それほど遠くないところでは、共有する帯水層からメンフィス市が水を汲み上げすぎるのをテネシー州が許しているのはけしからんと、ミシシッピ州が非難している。この訴訟も連邦最高裁判所行きだ。

カリフォルニア州では、このほかにも水ストレスの兆しが見られる。シエラネバダ山脈に積った雪はサンフランシスコやロサンゼルス、さらにセントラルバレーの農家への水の供給源だが、近ごろの積雪量は５００年来の低水準だった。地球が温暖化している中では、積雪量が完全に回復することは、少なくとも当分の間はありそうもない。現在、水の供給が非常に不足しているため、多くの農家は土地の一部を遊ばせたままにしている。灌漑用水を大量に失った農家には経済的な困難と水不足のために土地を去らざるを得ないところもある。２０１５年には、セントラルバレーの農家の損失は28億ドルと推定された。そして、当面の間水が再び満たされることはありそうもないのだから、このような多額の損失はうれしい徴候であろうはずがない。

農業の中核地帯では、カンザス州がハイプレーンズ帯水層の地理的に割当てられている分の水の30％を失った。主にトウモロコシの生産のために灌漑用水を汲み上げ過ぎたためだ。そして前述したように、カンザス州は長きにわたり「小麦の州」として知られていたが、今では水を多く必要とするトウモロコシを小麦よりも多く生産している。ハイプレーンズ帯水層に頼るこの地域では、降雨による涵養量は現在の汲み上げ量のわずか15%を補うのみである。だから、地下水位がこれほどの勢いで低下しており、井戸が枯れ始めているのだ。分かりやすく言えば、カンザス州は降雨と雪解けによる自然の涵養ペースの7倍の速さで水を汲み上げているのだ。

頼るべき新たな水資源を持たない町や都市は農家に目を向け、農家の水に対して農家が拒むことのできないほどの高額を払うと申し出ている。米国のミシシッピ川以西では、今ではすべての水の用途が決まっているので、都市や小さな町の増え続ける水の需要を満たすには、農家から水利権を購入するしかない場合が多い。水の価値が高まるにつれて、ますます多くの農家が灌漑水利権を都市に売り乾地農法に戻るか、もしくはあっさりと農業を廃業してしまっている。個々の農家や農家の属する灌漑地域が水を販売している先は、今では他の農家ではなく主に都市や地方自治体である。

2003年、カリフォルニア州のインペリアルバレーの農家だちが、およそ100万人分の生活用水の需要を満たすのに十分な量の水を毎年サンディエゴ郡に送ることに合意した。米国史上で最大規模の農地から都市への水転用である。契約期間は45年間だ。インペリアルバレーはカリフォルニア州にとっての広大な野菜畑であるばかりでなく、ほかの無数の市場にも出荷している野菜畑でもあるが、この取り決めによって、将来の食料生産が減少するだろう。長年にわたり『ニューヨーク・タイムズ』紙で米国南西部を担当していたフェリシティ・バリンジャー記者は、2011年に以下のように述べている。「コロラド川の水によってこの地が『豊饒(ほうじょう)の角』になってから100年後の今、町や都市への制限のない水の転用によって、この地は砂漠に戻るかもしれない」。

この地域が水資源の管理のあり方を変える必要があるのは明らかだ。例えば、アリゾナ州にあるフェニックス市とトゥーソン市は、共有する水資源をどのように管理するかについて合意に達した。この効果的な共有戦略は、水供給の管理と貯水、需要を一つの計画にまとめるもので、ほかの地域が後に続くのに適した期待のできるモデルを示している。

石炭火力発電所閉鎖で水需要緩和

うれしい展開もある。石炭火力発電所は水をより多く使う電力源の一つだが、米国の石炭火力発電所数が急減しているために、この業界が使用する水の量が着実に減っているのだ。石炭を段階的に廃止する全国的な取り組みの中心は、2002年に始まったシエラクラブの脱石炭キャンペーンだ。当初、シエラクラブは裁判所での活動に注力し、計画段階にあった184の発電所の建設を阻止することによって、水の需要が大幅に増加するのを防いだ。この戦いは法廷で何年にもわたって行われた。シエラクラブにとって次の段階は、稼働中の石炭火力発電所を閉鎖することだった。シエラクラブは、米国にある523の石炭火力発電所の半数を2025年までに閉鎖することを目標とした。2016年には、200を超える石炭火力発電所を廃止に追い込んでおり、予定よりもかなり先を行っている。石炭火力発電所を廃止すれば、二酸化炭素排出量も、健康に害のある汚染物質の放出も削減されることは誰もが知っている。それだけではなく、非常に多くの水を使う石炭火力発電所の廃止によって、水の使用量も大幅に削減できるのだ。

今や、石炭の燃焼に関連するさまざまな面について、人々の懸念が表面化しつつある。気候変動、大気汚染、水不足、そして炭鉱作業員の平均余命が驚くほど短くなることなどだ。こうした懸念に加えて、太陽光発電や風力発電による電力の方がはるかに低コストであることが相まって、石炭火力発電所の段階的な廃止を加速させている。近年は安価な天然ガスが豊富に採掘されるようになったことも、石炭火力発電所の閉鎖に拍車をかけている。

人口が急増しているコロラド州には、世界で最も活発な水市場の一つがある。あらゆる規模の都市や町が、農家や牧場主から灌漑水利権を購入している。同州の南東4分の1を占めるアーカンザス川流域では、コロラドスプリング市とオーロラ市（デンバー郊外）が、この流域にある農地の3分の1に対する水利権を購入した。オーロラ市は、約77平方キロメートルの農地の灌漑に使われていた水の利権を購入している。米国地質調査所は、コロラド州で2000年から2005年までの間に失われた農業用水によって、州全体で推定約2000平方キロメートルの農地が干上がったと推定している。

急速に都市化が進む世界で、都市は水の分野でいくつかの課題に直面している。一つは、もちろん、消費者の需要を満たすのに十分な水の確保だ。そのほかに、消火に十分な水を常に蓄えておく必要もある。私の世代は、子供の頃から「まさかのとき（雨のとき）」に備えてお金を蓄えておくように言われてきたが、水に関しては「雨が降らないとき」のために蓄えておかなくてはならない。そして最後に水の政策を作るに際して最も重要なのは、現在の水の使用量と、将来の長期的な需要とのバランスをとることである。

第５章

パキスタン

―崖っぷちの国―

パキスタンの将来の状態を一言で言うなら、それは「水不足」だろう。1950年には6000万だった人口が、2015年には3倍以上に増えて1億9900万になり、パキスタンは世界で最も水ストレスの高い国の一つになった。水不足の深刻さは2013年には明らかだった。当時、カラチ市の大衆デモで参加者たちが市当局に求めたのは、「少なくとも週1日は水道水を提供して欲しい」と、ただそれだけの事だったのだ。

パキスタンは乾燥した国である。全国の平均降雨量は年間480ミリメートルほどで、米国東部のおよそ半分だ。しかし、パンジャブ州北部の約690ミリメートルから、より乾燥した地域の80ミリメートル未満まで年間降雨量のばらつきは大きい。国連食糧農業機関(FAO)は、「水はパキスタンの持続的な経済発展にとって不可欠だが、制約要因にもなる資源だ」と明言している。

高まる水ストレス

2015年の初め、パキスタン政府は「わが国は重大な水の危機に直面しかねない」と市民に警告した。『ニューヨーク・タイムズ』紙のサルマン・マスード記者が「パキスタンの水は驚くほど急速に枯渇しつつある」と指摘した状況に鑑みてのことだ。国全体で水が不足していることに加えて、ダムが足りていないために、パキスタンの貯水容量はひどく限られている。

パキスタンでは、水ストレスがすでに高まりつつある。水の需要が２０２５年までに30％増加する見込みとなっていることを受け、ラホールにある国際水管理研究所（ＩＷＭＩ）のアリフ・アンワル主席研究員は「水不足は、パキスタンだけでなくこの地域全体にとって、最大の不安定要素になるだろう」と述べている。

水ストレスの徴候は至るところに見られる。パキスタンは、過剰揚水による帯水層の枯渇が原因となって井戸が枯れ、そのため、国内での大量の人口移動を経験している最初の国々の一つである。序章に述べたように、２０１４年にはチョリスタン地方の19万２０００の人口のうち90％が、ほかでもなく、唯一の帯水層が枯渇して井戸が枯れてしまったために、故郷を後にして移住した。これらのチョリスタン地方の住民は、世界の「水不足被害者」の先駆けであり「水移民」なのだ。

パキスタンは降雨量の少ない乾燥又は半乾燥地域なので、農業の大部分は灌漑によるものだ。エジプトと同じように、本来この地域は河川文明の地である。パキスタンの灌漑用水のおよそ3分の2は地表水から得ており、そのほとんどはインダス川とその支流から取水している。残りの3分の1は地下から汲み上げられる水だ。過剰な汲み上げの結果、パキスタン全土で地下水位が下がりつつあり、農家が水に到達しようとすれば、ますます深く掘らなければならない。

歴史的に見ると、水不足が一因となってパキスタンは米よりもはるかに水効率の良い、小麦を主体とする食生活へと転換してきた。小麦はパキスタンの総カロリー摂取量の72％を占めている。そのため、年間一人当たり約120キログラムという小麦消費量は、世界有数の高さとなっている。

乾燥地帯ではあるが、パキスタンは小麦生産で世界の上位7カ国に入っている。その理由の一つは、小麦の大半が灌漑によって生産されていることだ。世界銀行の報告によれば、パキスタンの2010年から2014年までの全穀類の年間収穫量は、平均で1ヘクタール当たり2.7トン余りである。これは、インドの3・0トンを少し下回り、水の豊富なバングラデシュの4・4トンよりもはるかに少ない。

パキスタンの小麦の年間収穫量は近年、2500万トン前後で変動してきた。2015年の作付け面積をみると、米が2万9000平方キロメートル弱、トウモロコシやキビ、モロコシ、オオムギなどその他すべての穀物が約1万6000平方キロメートルだったのに対し、小麦はおよそ8万1000平方キロメートルだった。

パキスタンは、変動する収穫規模によって、年によって小麦の輸入国になったり輸出国となったりする。主要な輸出市場は、隣国アフガニスタンである。2016年には、パキスタンは約2500万トンの小麦を収穫し、備蓄量が十分過ぎるほどあったので、小麦を輸出することができた。パキスタンは、小麦よりもかなり収穫量の少ない米も、通常は少なくとも3分の1を輸出する。豊作だった２０１３年には、世界第4位の米の輸出国だった。しかしこれほどの量の穀物を輸出できるのも、つかの間のことかもしれない。

増える水需要と減る貯水量

パキスタンが直面している課題は、水をめぐる二つの基本的な動向にまとめることができる。一つは水需要の急増、もう一つは貯水容量の減少だ。灌漑システムの建設が終わってから40年の間に、この国の水需要は１・５倍になったが、貯水容量は３分の２になった。この貯水容量の減少は、巨大なマングラダムとタルベラダムの背後にある貯水池の沈泥によるものだ。その一方で、穀物需要は、幾何級数的に加速する人口増加に牽引され、急速に伸びている。要するに、水不足が激しくなりつつあるのだ。人口増に伴う需要の増加に後れを取らないほど速やかに穀物生産を拡大し続けることは、この国の農家にとってどんどん難しくなっていくだろう。

パキスタンをよく知る外部の観測筋は、急速に悪化している水事情についての不安をよく口にする。この国の貯水容量は今や消費量の30日分という危険なほどの低さで、国際的に確立された最低基準の貯水容量である１２０日分の４分の１ほどしかない。１９５０年代、パキスタンには一人当たり５３００立方メートルという極めて潤沢な水の蓄えがあった。しかし２０１５年の時点では、貯水量はわずか１０００立方メートルまで下がってしまった。比較のために言えば、隣国インドの最低貯水量は消費量の150日分で、現在のパキスタンの水準の5倍である。

パキスタンの貯水量は、今や一人当たりの量が危険ゾーンに近いだけではなく、毎年400万人ずつ人口が増え続けているため、減り続けている。パキスタン政府について、外部の者が共通に感じる懸念の一つは、人口と水供給の不均衡が増し続けているのを政府が公的に認めず、ましてやそれについて何も手を打っていないことだ。国で使用される水の優に半分を超える量を供給する帯水層を枯渇するにまかせているパキスタン社会は、自滅への道を選んでいるように思える。

パキスタンが対処できていない社会的課題は数多くあるが、その一つは、急速に増加する人口である。2015年に1億9900万だった人口は、2030年までには2億5600万に膨れ上がると予測されている。こうした予測にもかかわらず、パキスタンには家族計画のプログラムがないばかりか、性と生殖に関する健康と家族計画（以下、家族計画）のクリニックが一つとしてない。ここにも、パキスタン社会の自滅傾向がはっきりと見てとれる。

将来の展望は芳しくない。イスラマバードとその北のラワルピンディという双子の都市の付近にある観測井戸では、1982年から2000年にかけて、1年当たり約1メートルから2メートルの地下水位の低下を記録した。アフガニスタンと国境を接する南西部のバローチスターン州では、州都クエッタ近郊の地下水位が1年に約3メートル低下し、クエッタが水を使い尽くして廃墟となる都市の先駆けとなる日が来る可能性を示した。２０１2年には、地下水位はすでに地下３００メートルを超えるところまで下がり、２０００基を超える井戸が枯れてしまった。２０１４年には、１２０万人近い人口を抱えるクエッタからの避難が始まった。こうしてクエッタは、世界で初めて自らの都市の放棄に公式に着手した水ストレスに悩む都市に名を連ねることになった。

パキスタン最大の湖であるマンチャール湖も、淡水の補充が不足している。湖が小さくなるにつれて塩分が高くなり、魚の数が減って、10万人に及ぶ漁民の暮らしが脅かされている。この人たちも、まもなく移民になるかもしれない。

パキスタンの地下水位が下がっていく間にも、国内の森林は消えていき、そのことが農家にますます多くの問題をもたらしている。モンスーンの季節に深刻な洪水が起きる理由の一つは、パキスタンでほとんどすべての木が伐採されてしまったことだ。まだ森に覆われている面積は、国土のわずか2%から5%にすぎない。簡単に言えば、政府は犯罪組織の盗伐から森を守れなかったのだ。モンスーンの雨水を取り込んで流出を抑える木々がほとんど残っていないため、土壌が水に侵食されて失われていく。これも、この国の将来の食料安全保障を損なう一因となっている。

水の供給量にゆとりがなくなっていくにつれて、地域社会では、降雨量の変動幅がさほど大きくなくても、その影響を受けやすくなる。パキスタンのカラコルム国際大学のシャウカット・アリ博士は、気候変動の影響が大きくなる中で、「パキスタンの人口の40％以上が干ばつや洪水、サイクロンなどの自然災害の危険にさらされている」と言う。

パキスタンには水の備蓄が30日分しかないが、それはインドの状況に比べれば、危険なほどに低いとアジア開発銀行は指摘している。

2億人近い人口を抱えるこの国で、持続可能な供給量を超える速さで水の需要が増しているさなかにも、貯水池は沈泥で埋まっていき、ますます危うい状態になっている。パキスタンで広がる水不足は、灌漑用水の貯水量を減少させるだけでなく、水力発電容量を低下させる可能性もある。

持続可能な社会に必要なガバナンス

2015年2月、パキスタン政府は、深刻な水不足になるのはほぼ確実だと市民に警告した。ホワジャ・ムハンマド・アーシフ水利電力大臣（当時）は「現在の状況では、今後6、7年のうちにパキスタンは『水の欠乏に苦しむ国（a water-starved country）』になる可能性がある」と述べた。「水の欠乏に苦しむ（water-starved）」というのは、最も深刻な水不足に直面している国を表わすのに使う用語だ。水ストレスにさらされている状況よりもひどい状況に陥り、生死にかかわる領域にいる国々である。しかし、「人口増加の速度を落とす必要があり、そうすれば人口の安定化に向けて準備ができるかもしれない」という言葉は、大臣の口からは出てこなかった。

薪や材木の需要が森林の持続可能な収量を超えているため、森林消失が多くの方面で脅威を与えている。アナリストのサイド・モハマド・アリは、２０１３年に新聞の論説にこう書いた。「森林消失は、洪水や山崩れなどの自然災害がもたらす被害を悪化させる原因にもなっている。なぜなら、森林被覆がなければ土壌浸食が進み、地下水の吸収が減るからだ」。インダス川の水量が減少し、そのためにインダス川デルタが縮小していることの背後にある重要な要因が森林消失であることも、研究者たちは突き止めている。

チョリスタンやタルパーカーなどの砂漠地域では、過放牧によって草地が破壊されている。干ばつが水不足を悪化させるのは言うまでもない。２０１４年5月の推定によれば、チョリスタンでは20万頭のウシが干ばつのために死んだ。タルパーカーでも家畜が大量に死に、４万２０００頭のヒツジが死亡したと確認された。このような家畜の大量死は、農業を主体とする社会にとって深刻な経済的損失である。

パキスタンの水不足は農家に限ったことではない。１８００万人の人口を抱える世界有数の大都市であるカラチ市は、あらゆる面で水不足に直面している。市内の水インフラは劣悪で、ひどく水漏れしているものも多い。そのため、多くの住民は公共水道を利用せずに、トラックから水を買う。カラチ市当局もトラック運転手に協力している。いくつかの機能している市の給水栓から水を汲んで積み込み、市民に有料で分配するのを許可しているのだ。しかし、水を買えない貧しい人々の多くは、こうした分配拠点まで歩いて、水を家まで運んで帰らなければならない。

カラチ市は、ほかにはない困難にも直面している。その一つは、市の地下にある水が塩を含んでいて、たいていの場合、塩辛すぎて飲めないことだ。その上に、カラチ市の上下水道局に政府から任命を受けて配置されている担当者の能力不足もある。そのために、市当局が徴収する資金が、責任を持って水道を管理する費用を賄うにははるかに不十分であるという結果にもなっている。

カラチ市に次ぐパキスタン第二の都市ラホールは、水の需要を100％地下水に頼っている。1980年に340万人だった市の人口は2015年には3倍に増えて1000万人を超え、水の需要は帯水層の持続可能な供給量をはるかに上回っている。市内や市周辺の井戸は、最大およそ180メートルまでの深さから汲み上げている。ラホール市は、パキスタンや隣接するインド北部のほかの多くの都市と同じように、水を使い果たす厳しい見通しに直面している。

先に述べたように、パキスタンの二大灌漑用貯水池であるマングラ貯水池とタルベラ貯水池は、この数十年の間に砂泥がたまり、それぞれ貯水容量が3分の2になってしまった。大量の沈泥が堆積する主たる原因は、森林が破壊され、そのために土壌が保全されないことだ。ダムの背後でこれらの貯水池がだんだん小さくなっていくことによって、発電できる電力量も減り、その結果停電の頻度も増える。

パキスタンの灌漑用水の大半は、ヒンドゥー・クシュ山脈とヒマラヤの山々の雪解け水から得ている。したがって、農家がいつ、どのくらいの地表水を灌漑用に得ることができるかは、4月と5月の気温のレベルに左右される。つまり、農家は自然の気まぐれの影響を受けやすい状態にある。

水不足がもたらすもう一つの結果は、経済成長の鈍化だ。世界屈指の速さで増える人口と、成長の勢いが失われつつある経済を抱えるパキスタンでは、苦境にあえぐ経済の成長率が人口増加率を下回り、一人あたりの所得が減少することになるかもしれない。

「パキスタンの水経済―枯渇へ（Pakistan's Water Economy: Running Dry）」と題する最近の世界銀行報告書は、「近代的成長を遂げているパキスタンは、水の脅威に直面している」と指摘している。先に述べたように、パキスタンの重大な欠点の一つは、貯水容量の不足である。深刻な干ばつが発生し、それが激しい政治的なストレスをもたらせば、政府が崩壊してもおかしくはない。

パキスタン政府の明らかな欠点の一つは、水不足問題に対応できていないことだ。その結果、今では利用できる水の量は一人当たり年間１０００立方メートル未満まで落ち込み、パキスタンは国際的に危険ゾーンと定義される領域に置かれている。この減少に拍車をかけているのが、パキスタンの女性に家族計画のサービスを提供できていないことだ。大規模な家族計画のプログラムがなければ、人口は31年間で倍増するだろう。つまり、一人当たりが利用できる水の量の急速な減少は続き、生活水準が向上する見通しはさらに暗くなるだろう。

パキスタン商工会議所連合会は２０１６年に、同国で増大する水ストレスの深刻さは、どれほど大げさに言っても言いすぎることはないと公的に認めた。『ガーディアン』紙は連合会の以下の言葉を引用している。「２０２５年には、世界で6番目に人口の多い国・パキスタンは、利用できる水供給量を使い果たしていると予測されている。さらに２０４０年には、パキスタンの水不足のストレスレベルは、この地域のどの近隣国よりもはるかに深刻になるだろう」。

パキスタンの将来を覆う暗い雲は、対処できない可能性のある水不足だけではない。イスラマバードにある持続可能開発政策研究所の水の専門家アラシャド・H・アバッシは、パキスタンが直面する最大の課題は水ではなく、ガバナンスだと言う。政府が機能していないために、パキスタンは今後数年のうちに人の住めない場所になってしまうかもしれないとアバッシは考えている。彼と同じ意見を持つアナリストは少なくない。

オーストラリアの非営利研究機関フューチャー・ディレクションズ・インターナショナル（FDI）の「世界の食料と水の危機研究プログラム」のアナリストであるジャック・デ・ヌンジオは、「国が何もしなければ、国民の間で失望が深まっていく。その中で、市民は不安に駆り立てられるかもしれず、過激化や国内の安全保障問題が生じる可能性がある」と指摘した。世界銀行の研究の中で、水の専門家ジョン・ブリスコーは、「パキスタンはすでに世界で最も水ストレスの高い国の一つであり、人口増加率が高いために、その状況は完全な水不足にまで悪化していくことになる」と述べ、さらに「近代的成長を遂げているパキスタンは、水の脅威に直面している」と指摘していた。ブリスコーの指摘は正しかった。パキスタンの潜在的な政情不安にはリスクが伴う。それは、増大する水ストレスに対する懸念を過激派グループが抜け目なく利用して、どうしようもないほどに無能な政府を倒してしまうリスクである。

第６章

イラン
ー干上がった土地ー

７９００万の人口を抱える現代のイランは、７０００年という桁外れに長いペルシャの歴史上、全く経験したことのないような国の存続にかかわる脅威に直面している。今回の脅威は、国外からのものではなく、国内で生じているものだ。イランは、自国の帯水層を枯渇させつつある。水がなくなりつつあるのだ。

イランでは、河川と湖沼が干上がりつつある。地下水資源は消えつつある。井戸が枯れたために、何千もの村が打ち棄てられた。農家は家畜の水やりも灌漑も地下水に直接頼っているため、農村地域では絶望感が広がり始めている。

三つの数字がイランの水について物語っている。イランの人口は７９００万だが、同国の水文学者の報告では、持続可能な範囲で水供給を行うとすると、２４００万人分しか賄えないという。そうすると、水収支的には支えられない人々が５５００万人いることになる。

水不足で深刻化する乾燥

至る所で水ストレスの兆候が現れている。早くも２０１５年11月には、イランのおよそ５２０の都市や町が飲み水の不足と格闘しており、その多くがトラックで輸送されてくる水に頼っていた。イランの国営放送局プレスＴＶは、その原因について、長期にわたる干ばつによって帯水層の枯渇が進んでいるためであると報じた。プレスＴＶは触れなかったが、イランで水利用が群を抜いて多い農業部門が、極めて効率の悪いやり方で水を灌漑利用していることも大きな要因であった。

２０１６年4月5日、国営イラン通信（ＩＲＮＡ）は、４５０の都市が水ストレスを受けており、六つの大都市が水不足の「危険区域」にあると報じた。６都市には、シラーズやマシュハドのような主要都市も含まれている。２０１４年６月、英国の科学雑誌『ネイチャー』誌は「深刻な水問題は、イランが直面している最大の問題である」と伝えている。同誌は、今やイランは、国連が定義する水不足の危険区域にある24カ国に入っていると指摘し、イランの不十分な計画立案を厳しく批判した。また、この30年間にこうした明らかな危機への対応措置が全く取られてこなかったとも伝えている。

イランでは、乾燥が進むにつれて砂嵐の影響を受けやすくなっている。２０１４年６月前半、テヘランは一寸先も見えないほどの、時速64キロメートル以上で広がる巨大な砂塵に襲われた。太陽の光は遮られ、交通は麻痺した。空港では、多数の国際便が欠航となり、国内線の到着便は別の空港へ向かった。風は局地的に最高時速１２８・７キロメートルに達し、４人の死者を出した。

砂嵐は、発生する頻度だけでなく、その激しさも増している。目の前に伸ばした自分の手さえ見えづらいほどの場合もある。アフガニスタンと国境を隔てた最東部の州、南ホラーサーン州のように、イランでは、住めなくなりつつある所もある。ものが見えないほど砂埃を含んだ空気が覆うことがしょっちゅうあり、息をしづらいことすらあるためだ。住民はどんどん北西へと、すなわちテヘランの方角に向かって移動している。

政府当局の報告によると、2015年2月10日、フーゼスターン州で砂嵐が起きている間の大気中の砂塵濃度は、世界保健機関（WHO）が定めた健康レベルの66倍であった。イラン南東部のスィースターン地域は、今では中央アジア全域に広がる多くの砂嵐が誕生する場所になっている。土地の乾燥が進むにつれて、砂嵐の発生頻度と激しさが増し、そこに住む人々の生活はかつてないほど悲惨なものになっている。ワシントンDCにあるシンクタンク「スティムソン・センター」のアナリスト、デイビッド・マイケルは、「イランは、全く文字通り、吹き飛ばされつつある」と述べている。

砂嵐に加えて、帯水層の枯渇も大きな打撃となりつつある。イランの気候学者ナセル・カラミは2015年にこう指摘している。「50年足らずで、私たちは地下水供給量のほぼ30％を使い果たしてしまった。溜めるには100万年かかる量だ。そして、持続可能でない開発のために、事態はどんどん悪化している」。イランの元農相イッサ・カランタリは『ガヌーン』紙にこう語った。「私たちにとって脅威となっている主な問題は、イスラエルや米国との政治的対立よりも危険な問題、『イランで生活する』ことだ。イラン高原は住めない場所になりつつあるのではないだろうか」。

イラン政府が直面している問題は「何をすべきか」ではない。「何をすべきか」は周知の事実だ。イランの指導者たちが対峙している問題は「素早く行動し、機能する国家としてのイランを守れるかどうか」なのだ。彼らは、ペルシャの輝かしい７０００年の歴史を継続していくことができるのか。それとも、この歴史は、何百万人ものイラン国民が次々と国外へ出て行き、ある日突然、砂埃に埋もれるという終焉を迎えるのだろうか。

国が健全な水収支構造を維持したければ、自国の表流水の50％以上を使うべきではない。これは、世界共通の経験則である。イランは、信じられないことに、表流水の97％を使ってしまっている。この広範囲にわたる水の枯渇に対して、イラン政府が国家として効果的な対応策を速やかに創り出すことができなければ、人口７９００万のうち最大５０００万が国外へ移住せざるを得なくなる可能性がある。そうすると、現在のイランだけでなく未来のイランも、私たちの描くイメージとは違う姿になってしまうだろう。

カランタリ元農相はこう続ける。「この状況が改善されなければ、イランは30年でゴーストタウンになってしまうだろう」。加えて「ウルミア湖、バフチガン湖、タシュク湖、パリシャン湖など、イランの自然水域はすべて干上がりつつある」と述べた。同氏は、その影響の一つについて、「イランの砂漠は拡大している。南アルボルズや東ザグロスの州には住めなくなり、住民は移住しなければならなくなるのだ。でも、いったいどこに?」とも警告している。

何千ものイランの村にはもはや水が残っておらず、トラックが運ぶ水に頼らざるを得ない。実のところ、トラックによる水の配達は、イランで最も急成長しているビジネスの一つである。それは文字通り、死にそうなほどの喉の渇きから人々を救っている。

不安がつのる食料事情

人口が年に120万ずつ増えているため、農業に必要な水の量は増えている。イランの小麦の作付面積は、1960年の約3万2000平方キロメートルから、1990年には約6万9000平方キロメートルにまで拡大した。しかしそれ以降の26年間、小麦の作付面積は全く拡大せず、約6万1000平方キロメートルから約6万9000平方キロメートルの間でわずかに変動している。

歴史的に見れば、穀物収穫量は土地の生産性を上げることによって大幅に増えてきた。小麦の収穫量は、1960年の1平方キロメートル当たり約74・1トンから1994年には約148・3トンを超え、2倍以上に増加した。2004年までには、1平方キロメートル当たり約197・7トンにまで達していた。

小麦が大部分を占めるイランの穀物収穫量は、2004年には2100万トンにまで増加したが、それ以降はほとんど増えてこなかった。2015年から2016年の間は少しずつ増加し、各年2300万トンだった。このように収穫量は若干増えていたにもかかわらず、着実な消費の伸びによって穀物の輸入量が押し上げられ、近年では年間1000万トンを超えている。

地下水を汲み上げて大規模な灌漑を行うことができるようになったのは、20世紀の半ばとごく最近のことで、イランはそれを行った先駆けの国の一つである。そして同時に帯水層の枯渇という結果に直面している先駆けの国の一つでもある。水のバランスを安定させるためには、多くの面で革新と変化が求められるだろう。

近年、収穫量は増加しているが、イランの大部分で地下水位が低下しつつある。テヘランから南へ車で4時間の所にあるイスファハン地域や、東部の南ホラーサーン州とヤズド州では、帯水層の枯渇が広がり、農家の灌漑用水がなくなってしまっている。そのため、毎年何平方キロメートルもの耕地が砂漠と化している。

今世紀初めの10年間、イランは小麦の自給に向けて移行していた。その後、2012年初頭には小麦の輸入が記録的なレベルに到達しそうなほど増大した。2012年から2016年にかけては、輸入が総穀物消費量のおよそ35%を占めた。一般的に飼料に使われる大麦の収穫量は、この35年間全く増加していない。このまま水供給がひっ迫し続ければ、すでに近隣のアラブ諸国がそうであるように、イランの穀物収穫量も急減する可能性がある。

イランの将来の食料安全保障が危険にさらされていることは間違いない。推定では、現在の穀物収穫量のうち4分の1は、過剰な揚水によって生産されている。帯水層が枯渇するにつれて、枯れる井戸がますます多くなっている。7900万の人口に毎年120万人が加わることを考えると、イランがしっぺ返しを受ける日も近いだろう。

石油による富のおかげもあり、所得が増えるにつれて、イラン国民も肉食に向かっており、肉や牛乳、卵の消費が増えている。そうすると、これまでよりもさらに多くの家畜の飼料穀物（通常は大麦やトウモロコシ）が必要となり、その結果、必要な水の量も増加する。

イランの降雨量は世界平均の3分の1しかなく、決して豊富な水に恵まれていたわけではないが、1970年から2000年の間、地下水の年間揚水量は4倍近くになった。その背景には水の無駄な利用がある。それが最も顕著に見られるのが、非効率な灌漑システムである。そのために、利用可能な水の供給量が大きく損なわれてきた。フランス通信社（AFP）の記者エリック・ランドルフによると、イランの水不足の一因は、75万台の送水ポンプのうち30万台が違法なものであるためだという。このように大規模な過剰揚水が行われていることを受け、国連はイランを「水ストレス下にある」状態の国から、絶対的な「水不足」の状態の国に分類し直すことになった。

『ワシントン・ポスト』紙のイラン担当記者ジェーソン・レザイアンは2014年7月2日

の記事で「イランはすさまじい規模の水不足へと向かっている。にもかかわらず、何十年にもわたって水供給量を危機的なレベルにまで減少させてきたすう勢を転換するために、ほとんど何の手も打っていない」と書いている。さらに、こう指摘している。「……1世紀に及ぶ乱開発と水道をはじめとする公益事業への多額の補助金といったものすべてが要因となって、おそらく状況はさらに悪化するだろう」。ほかの多くの国と同様に、イランでも灌漑への補助金によって、灌漑用水を無駄に使い過ぎるようになっている。

最近の記事では、２０１７年5月16日にセス・M・シーゲルが『ワシントン・ポスト』紙にこう書いている。「総合的な水管理の失敗と、それによる破壊的な損害により、イランが直面している水の将来は、どの工業国よりも暗たんたるものである」。

２０１７年4月9日、イランの英字新聞『フィナンシャル・トリビューン』紙は、ケルマン州での砂嵐によって地元経済が麻痺したと報じた。砂嵐によって視界が悪化したため、学校は休校になり、交通は途絶した。ペルシャ湾頭付近に位置する都市リガンは、たびたび砂嵐に悩まされている。２０１６年の夏には、大規模な砂嵐がこの地域にある十数の村々を文字通り埋め尽くし、作物にも家畜にも被害が出た。

残念なことに、イラン政府が頼ってきたのは、水不足に対する一時しのぎの解決策であり、地下水の枯渇と水不足の拡大という基本的な問題への取り組みではない。その結果、帯水層の枯渇によって経済的な影響を受けるのは、もはや農家だけではなくなっている。首都のテヘランでも、工場主たちが不安定な水供給によって破滅的な影響が生じていると訴えている。

干上がったザーヤンデ川

水の枯渇はイラン全土で生じている。200万近くの人口を抱えるイラン中央部の都市イスファハンは、その地で栄えた著名な古代文明都市であり、二つの河川に支えられていた。そのうちの一つがザーヤンデ川だった。しかし、今やこの川は干上がり、川床が砂漠化してしまった。サファビー朝（1501年~1722年）の下、イスファハンが全盛期であった頃は文化の中心地として名をはせ、近隣だけでなく遠方からも人々が集まっていた。ザーヤンデ川は、通航可能な主要河川だった。今日では、この乾いて埃の舞う川床にかかる都市の橋は単なる過去の建造物であり、かつての姿を思い出させるものに過ぎない。香港を拠点とするシンクタンク、グローバル・インスティテュート・フォー・トゥモロー（Global Institute for Tomorrow）の創設者でCEOのチャンドラン・ナイールは、2014年11月9日の『ニューヨーク・タイムズ』紙で「からからに乾き切ったザーヤンデ川は、この都市の存在を深刻な脅威にさらす水危機をこれ以上ないほどはっきりと示している」と記している。周辺地域では、地下水位は低下し、井戸は枯れ、生態系が破壊されてきた。その実質的な影響として、最大200万人がすでに生計手段を失い、その多くが北方へ移住せざるを得なくなっている。

イスファハン近郊でも、かつては生産性の高かった土地を耕していた200万人近くの農民とその家族が帯水層を枯渇させてしまった。今では不十分な降雨量が唯一の水源となっているため、生計を立てる別の方法を探している人々は100万人に上ると推定される。

『ニューヨーク・タイムズ』紙のエイミー・ウォルドマンは、早くも2001年にイスファハンから次のように報告している。「この都市の人々は悲しみに暮れている。まるで恋人が去っていったかのような話しぶりだが、もっとひどいものだ。恋人なら代わりを見つけられる。川の場合はそうはいかない」。そしてこう続けた。「ザーヤンデ川のないイスファハンは、テムズ川のないロンドン、もしくはセーヌ川のないパリのようなものである」。

イランで穀物需要が増え、その結果水の需要も増えている要因は、この40年間で人口が2倍以上増加していることと、先にも述べたように、イラン国民が裕福となり肉食が増えていることである。一方で、さらに広く見ると、イランの新しい世代は水の消費レベルが高い現代的な生活様式を取り入れるようになっている。チャンドラン・ナイールは『ニューヨーク・タイムズ』紙の記事で「日本のような資源の乏しい国がエネルギー効率の向上に多額の投資を行ってきたように、水の乏しい国々も同じことをすべきである」と書いている。

イランで成長中の都市はさらに多くの水を必要としている。しかし、利用可能な水はすべて使われているので、水を得るためには農家の灌漑用水を転用するしかない。2014年8月21日の『フィナンシャル・タイムズ』紙によると、何千もの村で帯水層が枯渇して井戸が枯れており、今では生活用水をトラックによる輸送に頼っているという。この厳しい見通しに加え、全31州のうちおよそ12州は、そのほとんどが乾燥の激しい南西部に位置する過疎地域であるため、帯水層の水がゼロに近づけば、土地を完全に打ち棄てざるを得ないかもしれない。

乾燥で森林が消失し砂嵐発生

土中の水分がなくなると、森林にとっても脅威となる。イランで乾燥が進むにつれて、5億本を超える木々が枯れているのはそのためだ。この状況は、残っている森林の過剰な伐採と相まって、着実に森林面積を減少させている。広範囲にわたる森林破壊と過放牧は、どちらも砂漠化のプロセスを加速させており、砂嵐の発生頻度が高まる一因にもなりつつある。

現在イラン国内の州の間で起こっている紛争は、主に水資源をめぐる争いだ。かつては中東最大の湖であったウルミア湖は、95%の水を失っている。8万台を超える灌漑用ポンプがウルミア湖流域で地下水を汲み上げているため、この湖は完全に消えてしまう可能性がある。その不吉な兆しは、2013年にイラン政府が流域の過剰揚水への対応として、お金を払って農家に揚水をやめさせたことに見て取れる。

過剰な揚水は、深く汲み上げ過ぎた地域で地盤沈下を招き、イランの地形を変えつつある。それはカリフォルニア州セントラルバレーの汲み上げ過ぎた地域で起きていることとよく似ている。地域によっては、地盤が1メートルも沈下している所もある。ハラズミ大学のモラド・カヴィアニ・ラッド教授は「イランは水にまつわる政治的危機に直面している。つまり、将来の国家の危機は水不足が原因で起こるだろう」と指摘している。

イランとアフガニスタンの国境にあるハリルド川でも、緊張が高まっている。アフガニスタンは、この川がイランに到達する前に灌漑のために水を引いている。そうすると、歴史的に有名なイランの都市マシュハドへの水供給が危うくなる。この都市は今では、十分な飲み水を手に入れるのにも苦労している。

湖の消失と干上がった川床は、人口が毎年１２０万人ずつ増え続けるイランに訪れる苦難の前触れである。イラン国内の水の地政学が展開するであろうことは予想できる。州の間でも、農家と都市の間でも、水へのアクセスをめぐる紛争が起こりつつある。水がなくなっている地域もある。北東部のホラーサーン州では、今やカルーン川もカルケ川も乾き切っており、カスピ海まで到達していない。

イランで水が干上がっていることの影響は、国境をはるかに越えて広がっている。農業の面では、世界はピスタチオの不足に直面しつつある。世界の年間収穫量53万トンの大部分を生産しているイランと米国の2カ国が、同時にピスタチオの生産地域で深刻な干ばつに見舞われているためだ。米国の主要な生産地はカリフォルニア州だが、2016年、収穫量は半減した。イランでは、2015年に25万トンのピスタチオを生産していたが、2016年の収穫量は21万トンにまで減少するとの予想だった。世界のピスタチオの供給をさらに脅かしているのは、イラン商工会議所が報告する「イランでは毎年ピスタチオの生産地約200平方キロメートルが砂漠化して失われている」という状況だ。カリフォルニア州とイランの両方で水の枯渇が生じていることを考えると、世界のピスタチオ不足は慢性的なものに陥るかもしれない。

イランでの水ストレスは今や全土に広がっている。住宅所有者の中には屋根の雨水を集めることによって、自らの手で水不足の問題に対処している人もいる。このやり方は、雨が降るときはうまくいき、その分地方自治体は供給する水を節約できる。さらに、生活様式も変える必要がある。テヘランの印刷所で働くアクバル・アズィーズは、ひっ迫している水の状況に自分の家族がどう対応しているかについて「私たちは使う水の量をできるだけ少なくしている」と語る。例えばアズィーズと妻と幼い娘たちは、今では週に2回しかシャワーを浴びていない。

国の水利用の中心である灌漑システムの効率と家庭の水利用の効率を上げるために、とれる節水対策は数多くある。農業においても、例えば米の生産を減らして小麦を増やすなど、水集約的でない作物に移行することによって構造を変えることができる。家庭での水利用ももっと効率的にすることができるだろう。

ほかにも、イランでは水集約的なエネルギーシステムが妨げとなっている。イランは石油の豊かな国であるため、石油・ガス火力発電所に大きく依存している。こういった発電所は、蒸気を生成するにも冷却するにも、大量の水を必要とする。しかし幸運なことに、ソーラーパネルに切り替え、安価なソーラーエネルギーという国の富を利用することによって、イランは石油火力発電所の多くを閉鎖できる可能性がある。水ストレス下にある世界でのソーラーパネルの魅力の一つは、水を全く必要としない点である。

イラン政府は、期待の持てるエネルギー対策として、ソーラーパネルを政府の建物や学校、モスクの屋根に設置してきた。このように政府がソーラーパネルを設置した場所は、今や全国各地で１０００カ所を超えている。イランは年間３００日太陽が降り注ぐ国なので、ソーラー発電には最高に適しているのだ。

イラン政府は、帯水層の過剰揚水、草地での過放牧、森林の過剰伐採を行っている認識はあるものの、今日調査されている遺跡の古代文明の後を追うように、衰退と崩壊への道をたどっていることは、まだ十分理解していないのかもしれない。多くの国と同様に、イランでも足りないのは情報ではない。有能なリーダーシップの不足に苦しんでいるのだ。

イランの若者にとって、水の乏しい母国の将来の見通しは明るいものではない。現在の状況と、将来に対する意識が相まって、多くの若者が海外に移住しつつある。大半の移住先は欧州、カナダ、米国だ。皮肉にも、カリフォルニア州のロサンゼルスとビバリーヒルズの間に急成長するイラン人のコミュニティがあり、今やその人数は20万人かそれ以上になっているかもしれない。こうした若い移住者にとっては不幸なことに、カリフォルニア州も今では帯水層の枯渇と広がる水不足による前例のない水問題に直面している。

政策転換で効率的水利用を

十分に考慮することなく水を使い過ぎたことによって、イランは深い墓穴を掘ってきた。簡単な解決策などない。水の需要と供給の持続可能なバランスを立て直すためには、国全体の力を結集し、水の方程式における需要と供給の両辺で構造を見直さなければならないだろう。イランは自国経済を再編しなくてはならない。そうすれば、水供給量の減少に対処できるだけでなく、地下水資源の枯渇が続く状態を逆転させることもできる。

イラン経済のどこを見ても、非効率で無駄な水利用が行われている。ひっ迫している水の状況に対応して消費習慣を変える必要があるにもかかわらず、政府はそれを促す対策をほとんど講じていない。イランの水利用の90％近くを占める農業には、大きな変革が必要だ。幸いにも同国の灌漑効率の向上の可能性は、国際水準から判断すると並外れて高い。実のところ、農業で水利用の効率を上げることは、イランではすぐに水不足を軽減できる、抜群に有望な方法なのだ。

前述のイッサ・カランタリ元農相は「イランには７０００年の歴史があるが、地下水資源の急速かつ幾何級数的な破壊が続けば、20年で住めなくなるだろう」と語る。食料価格の高騰や社会不安、何百万人もの若者の海外への移住が予想され、イランは、深刻な水不足の犠牲となる国家、または破綻に瀕している国家、あるいは少なくとも衰退しつつある国家の先駆けとなる可能性がある。

社会的失敗は避けられないものではない。だが、それを避けようとするならば、政策と優先事項の多くを変更しなくてはならないだろう。需要の面では、人口規模の安定化が鍵となる。イランが家族の規模を小さくするように移行を加速させることができれば、数年足らずで人口の増加は止まり、その結果、すでに酷使され劣化している生態系へのさらなる圧力を抑制できるだろう。

イラン政府には、水利用の効率を高めることができる選択肢がいくつもある。分かりやすいものとしては、すでに挙げたように、水集約的作物である米の生産を減らして小麦を増やすよう、農家に働きかけることだ。いったん灌漑への補助金を廃止すれば、水の価格も無駄な利用が少なくなるように設定できる。あるいは、配給制度を導入することもできる。もっとも、水利用に対して課税すれば、より簡単に管理でき、さらに効率的である場合が多い。また、水を過剰に消費する火力発電所を迅速にソーラーパネルに置き換えていく取り組みはすでに進行中であり、これによって水資源への圧力を緩和できるだろう。

水資源が減少し続けるのを防ごうとするのならば、イランは大胆な措置を講じる必要がある。現在水の政策がエネルギー省で策定されている国で、既存のシステムを微調整しても、うまくいかないのは目に見えている。前述の目標を達成するための最善策は、内閣レベルで水の担当省を創設することかもしれない。担当省は水のデータの収集・分析・発表に加えて、イランが水収支のバランスを再び取り戻す際に必要な目標の設定も行うことになる。さらに、この省にこうした目標達成への責任を負わせることもできよう。この省が責任を負うことで、水資源の減少を少しは防ぐことができるだろう。

第７章

穀物収穫量が減少している
アラブ世界

この数十年の間に中東のアラブ諸国では過剰に揚水が行われ、帯水層が枯渇し多くの井戸が枯れつつある段階まで来ている。いくつかの国では、水のピークが過ぎているだけではない。通常は水のピークのあとで穀物収穫量もピークとなるが、その穀物収穫量のピークすらも過ぎている国もあるのだ。水の利用量がピークを過ぎて減少し始めているのは、サウジアラビア、シリア、イエメンといった国々だ。これまでと同じレベルの水使用量を維持維持できているのは、イラクのみである。

このアラブ4カ国の穀物収穫量の合計は、2003年に過去最高記録の1400万トンに達した。2016年までには900万トンに落ち、13年間で36％減少した。あらゆる兆候から考えれば、水収支のバランスがとれていないこの地域では、井戸が次々と枯れていくにつれ、収穫量は減少し続けるだろう。

化石帯水層に頼ったアラブ諸国

地下水位の低下と灌漑農業の縮小が、サウジアラビアほど大規模に起きている国はない。この国は石油には大変恵まれているが、それと同じほどの水には恵まれていない。1973年にアラブ産油国が原油禁輸措置を取ったのち、サウジアラビア国民はやや遅れて、自分たちが対抗措置としての穀物禁輸に対して脆弱であることに気付いた。そのリスクを避けるための対策の一環として、多額の補助金を出して涵養されない化石帯水層の地下水を汲み上げて用いる灌漑農業を開発し、それによって20年間にわたる小麦の自給に乗り出したのである。

およそ20年間小麦を自給したのち、2008年前半には帯水層がほとんど枯渇してしまった。そこでサウジアラビアは、小麦の作付けを2016年まで毎年8分の1ずつ減らし、その後生産を停止すると発表した。それまでに、政府は、3000万の人口と家畜・家禽を養うために、毎年およそ1500万トンの小麦、米、トウモロコシ、大麦を輸入することになると予測した。サウジアラビアは、自国の帯水層の枯渇がいかに穀物収穫量を減少させ、そのためどれほど輸入穀物に大きく頼ることになるかを初めて予測し、公表した国なのだ。評価に値する国である。そして、専ら水不足のためだけに、小麦の生産を段階的にやめた最初の国でもある。

サウジアラビアの穀物収穫量は、1993年に500万トンでピークに達し、その後2016年には30万トンにまで落ち、94%減少した。20年間自給を続けることができたのは、同国唯一の帯水層で、しかも化石帯水層から、枯渇するまでどんどん水を汲み上げたためである。1980年代に、サウジアラビアは意図的な、ある意味では致命的な決断をしたのだった。すなわち、穀物収穫量を短期的に増やすために唯一の帯水層の水の大部分を犠牲にする決断だ――穀物ならば簡単に輸入できただろうに。

サウジアラビアだけではない。隣国のヨルダンでも、1992年に将来起こりうる水ストレスの兆候が初めて現れた。アズラック湿原に水をもたらしていた太古の泉から、水が湧かなくなったのだ。それ以降、ヨルダンではほかの多くの泉も枯れてしまっている。ユーフラテス川の支流であるシリアのシャバー川も干上がっている。あらゆる兆候が示しているのは、こうした国々の人口とそれに伴う水需要量が、帯水層が持続可能に生み出せる水の供給量よりも速く増大しているというシンプルな事実だ。

隣国のイラクでは、この10年の間に穀物収穫量は頭打ちとなり、この古代から続く農地は、今や消費量の3分の2を輸入に頼るようになっている。シリアもイラクも帯水層の枯渇に加え、チグリス川とユーフラテス川の表流水の量が減少して苦しんでいる。上流のトルコがさらに多くのダムを建設し、自分たちが利用するために多くの水を取水しているからだ。この二つの河川の周囲で農業が営まれる地域は、歴史的には「肥沃な三日月地帯」として知られてきたが、今や存続に悪戦苦闘している。

人口1800万の国シリアは、内戦による荒廃、農村部から都市への絶え間ない人々の移動による足かせ、他国からの大量の難民による負担のすべてを同時に経験している国だ。同国の穀物収穫量は、2001年に700万トンでピークに達した。それ以降、400万トン余りまで落ち込んでいる。43%の減少だ。帯水層が枯渇し、その結果井戸が枯れ、さらには政情不安が生じて、多くの農民が土地を捨てて出て行った。それらのすべてが、収穫量減少の要因となっている。

河川からの水供給の先行きが見えないため、シリアとイラクの農家はさらに多くのより深い灌漑用井戸を掘っている。このため、どちらの国でもさらに過剰に汲み上げるようになっている。一方、イエメンでは、世界で最も人口が急増し、その一方で全土にわたって地下水位が低下しており、「水の弱国」になりつつある。同国の穀物収穫量はこの40年間で半分近く減少している。

膨れ上がる水赤字

政治問題を抱えたアラブ中東地域は、水不足のせいで穀物収穫量が頭打ちとなり減少し始めた、最初の地域である。この地域では、穀物収穫量は減少しつつあるのに、人口はこれまで最速に近いペースで増加し続けている。そのため世界は、人口の急増と水供給量の減少が地域レベルで衝突するさまを目撃することになる。穀物収穫量がある地域全体で減少するのは有史以降初めてのことである。しかも偶然にも、農業発祥の地でそれが起きているのだ。この減少を逆転させるどころか、食い止めるための見通しすら全く立っていない。

今日のアラブ中東地域は「人口がその地域での水供給が追いつかないほど増加するとどうなるか」を示す典型的な事例となっている。この地域から絶え間なく出て行く移民の数はすでに何百万人にも上り、その多くは欧州を目指している。地下水位が低下するにつれて、移民の流れは増大する。この移民の動きは、単発の事象としてとらえるべきではない。「持続可能でない水準に達しても増え続ける人口が、その地域の土地資源と水資源に圧力をかけている継続的なプロセス」としてとらえるべきである。そして、人口問題がないがしろにされ人口圧力が増大し続ける限り、そして、欧州やその他の地域へと移動する難民に対して扉が開かれている限り、この動きは止まらないだろう。

現在のアラブ世界における水不足は、前例がないほど深刻である。アラブの12カ国では、一人当たりの利用可能な水量は、世界保健機関（WHO）が水不足の基準とする一人当たり年間1000立方メートルを下回っている。この地域はすでに絶望的な窮状に陥っているだけでなく、世界の地域の中で最も人口が急増しているため、記録的なペースでどんどん水収支の不均衡が拡大している。さらに悪いことには、信じ難いことに、この地域の中央政府は女性たちに家族計画サービスを提供していないのだ。

勇気を出して先に目を向けると、この地域の政府が素早く行動しなければ、ストレスはさらにもっと強まることが予想される。2015年に3億6000万人であったこの地域の人口は、国連の人口統計学者によると、2050年には2倍近くの6億3400万人に達すると予測されている。この人口増加と経済的な豊かさの向上が相まって、水の需要と水の利用可能量との間に果てしなく広がる差を作り出している。ここから起こる水ストレスとそれに続いて起こる争いの厳しさは、想像すら容易ではない。

水不足に関する国際社会の懸念は、しばらくの間アラブ中東地域に集中してきた。それにはもっともな理由がある。この地域は、降雨量が並外れて少ないことによって膨大な水赤字を計上している上、過剰に揚水して化石帯水層を枯渇させつつあるからだ。サウジアラビアは、帯水層が降雨から涵養される10倍の速さで水を汲み上げている。クウェートは、人口はわずか400万だが、状況はさらに悪い。同国の帯水層の涵養速度は極めてゆっくりとしたものだが、その25倍の速さで水を利用しているのだ。取水と涵養のバランスがこれほど極端に不均衡であれば、この地域では地下水を使う灌漑農業はそれほど長く続けられないだろう。

サウジアラビアが異例の速さで小麦生産を段階的にやめていったことは、この章のはじめに述べたとおりだ。それは二つの要因による。一つは、この乾燥した国では、灌漑のない農業はほとんど存在しないことだ。もう一つは、灌漑をいわゆる「化石帯水層」という、降雨によって自然に涵養されない帯水層にほぼ全面的に依存していることである。化石帯水層はいったん枯渇すれば、永遠になくなってしまうのだ。さらに、サウジアラビアが都市用水の供給に利用している脱塩海水施設が作り出す水は、いくら石油で豊かなサウジアラビア国民といえどもあまりにも高くつくので、灌漑には利用できない。

上流国のダムで窮地に立つシリアとイラク

国際乾燥地農業研究センター（ＩＣＡＲＤＡ）のディーブ・オウェイスは、シリアについてこう語っている。「シリアの利用可能な水資源の大部分は使われていて、将来新しく利用可能な水資源が見つかる可能性もほとんどない」。さらに、同国の再生可能な水資源の85％は農家が利用していると指摘する。オウェイスに言わせれば、家庭や工業、観光業といった社会のほかの部門で将来的に差し迫った需要があることを考えると、これは持続可能なレベルではない。

シリアの農家は単位面積当たりの作物収穫量については重視しているが、ほかの国の農家と同様に、水利用量1エーカー・フィート（面積1エーカー×深さ1フィートの水の体積、約1233立方メートル）当たりの作物収穫量にはほとんど注目していない。これは水アナリストのサンドラ・ポステルが言うところの「単位水量当たりの作物収穫量」という尺度である。悲惨な状況であるにもかかわらず、シリアの農民はもっと水効率の良い灌漑システムになかなか目を向けようとしてこなかった。オウェイスは多くの国の水アナリストを代表して、次のように述べている。「水の生産性を高めるよう農民を促すためには、灌漑用水に対して価格付けのシステムを導入する必要がある」。

南に目を向けると、800万の人口を抱える内陸のヨルダンでも、帯水層からの持続可能でない取水によって、農業が窮地に追い込まれている。水利・灌漑省の推定では、地下水の取水スピードは涵養速度の2倍近くに上り、地方自治体の井戸も灌漑用井戸も汲み上げ過ぎた結果、打ち棄てられるようになった。40年前、ヨルダンは年間30万トンを超える穀物を生産しており、需要をほぼ満たしていた。現在の生産量は5万5000トンしかないため、今では消費する穀物の90％以上を輸入しなければならない。この地域内では、人口増加を年率わずか1％に抑制してきたレバノンのみが、穀物収穫量の減少をなんとか免れている。

カリフォルニア州立大学サンマルコス校の政治学・国際研究学准教授のスコット・グリーンウッドは、ワシントンDCにある中東政策評議会（MEPC）に寄稿した水に関する優れた論文で、水の不安に関して高まる危険性を考察した世界銀行の調査報告を要約している。ヨルダンについては、水不足に直面しているほかのほとんどの国と同様に、さらに水を探し求めることによって水問題の解決を試みたと述べている。この地域では水利用の効率を高めることへの関心は低く、実質的にはさらに水を探そうとする、つまり需要と供給のバランスを保つ旧来のやり方をいつまでも続けているのだ。

国内の水問題に加え、シリアとイラクは国外に起因する水ストレスも受けている。その一つは、両国が灌漑用水を引いているチグリス・ユーフラテス川の流量の減少である。この二つの川の源流を握っているトルコでは、大規模なダム建設計画が進められており、そのせいで下流の水量は徐々に減っている。3国とも分水協定に参加しているが、何年も前に結ばれたもので、トルコはないがしろにしつつある。トルコの自国の水力発電も灌漑面積も拡大しようという野心的な計画は、下流の二つの隣国を犠牲にして達成されつつある部分もある。そのため、シリアとイラクの水の将来の見通しは暗い。両国とも、トルコから南に下る川の水に大きく頼っているからだ。「肥沃な三日月地帯」であるチグリス・ユーフラテス川流域に以前は流れ込んでいた水の大部分を、トルコがせき止め始めている。米国の有名な水管理コンサルタントのハラルド・フレデリクセンは、この状況を「トルコはほかの沿岸水利権国に1000年にわたって供給されてきた水量を激減させてしまった」と適切に表現した。

シリアは水供給量の30%を失い、チグリス・ユーフラテス川の流れが最後に行き着く国であるイラクは、少なくとも60%を失うと推定するアナリストもいる。一方で、この地域の水の将来をさらに厳しく見ているアナリストは、シリアは50%を失い、イラクは最大90%を失うと確信している。帯水層の枯渇によってさらなる灌漑用水の減少が予想されるため、イラクの多くの農民がすでに自らの土地を打ち棄て、都市部へ移り住みつつある。フレデリクセンは「下流に位置する沿岸水利権国の現在の絶望的な状況は、国際安全保障が非常に不安定になっている国際社会の状況を表している」と指摘している。

帯水層の枯渇が引き起こす大規模な社会的移住と社会不安は、教育を受け、仕事を得て、人生の良いスタートを切ろうとする若者たちをも生きづらくしている。地域で利用可能な水がなければ、灌漑農業もなきに等しい。多くの場合、若者は仕事を見つけられず、そのため結婚する余裕もない。もう若くはない農民は、水供給を失えば土地から離れざるを得ず、日雇い労働者の仕事を求めて都市に移住するという選択をせざるを得ない。

襲ってくる巨大砂嵐

中東の乾燥を明らかに示すもう一つの兆候は、ますます発生頻度と激しさを増す砂嵐である。イラクの環境省の砂漠化対策局長であるイブラヒム・シャリフは、かつては砂嵐が起きるのは年に８回くらいだったが、「今では、ほぼ毎週起きるようになっている」と言う。バグダッドのマクラッチー新聞社で記事を書いているマイク・サープは、こうした砂嵐を聖書に出てくる古代エジプトが受けた壊滅的な「十の災い」の一つに例えている。

現在の砂嵐は、経済的な損失や問題をもたらすようになっており、高速道路や空港、学校が閉鎖される事態を引き起こしている。２００９年にイラクで異常なほど猛烈な砂嵐が起きたときは、呼吸困難に陥った人のうち数人が死亡した。バグダッドの衛生当局者ジャリール・アル・シャンメリ博士は、２日間で13の病院と84のクリニックが、深刻な呼吸器症状を訴える数千人の患者を受け入れたと報告している。

『エルサレム・ポスト』紙は、2015年8月の砂嵐によって約300人のイスラエル国民が病院に搬送されたと報じた。同紙はこの砂嵐を「この15年間で最悪の砂嵐」と表現している。最近では、2015年9月7日にイラクで発生した巨大な砂嵐が、シリア、トルコ、エジプト、ヨルダン、レバノンの一部地域を覆った。ヨルダンとレバノンでは学校が休校になった。視界が悪くなったため、飛行機は運航を取りやめた。シリアでは何千もの人々が入院した。ダマスカスだけでも、医師は呼吸困難になった約1200人の手当てをした。レバノンでは750人が入院し、2人の女性が砂嵐のストレスで死亡した。将来に目を向けると、砂嵐はさらに発生頻度を高めるとともに、ますます強大化し破壊的になり、その結果、この地域の住民にさらなるストレスを与えることになりそうだ。

中東は、世界で最も人口が急増している地域の一つであるにもかかわらず、残念なことに、政府は女性たちに家族計画サービスを提供する取り組みをほとんど行っていない。近隣のイエメンの人口が毎年3%のペースでどんどん増加して、24年ごとに倍増しているのもそのためである。

嗜好作物に淡水の40%を使用

サウジアラビアと長い国境を隔てるイエメンは2700万の人口を抱えている。水利用量が帯水層のわずかな涵養量をはるかに上回っているため、地下水位が毎年約1・8メートルずつ低下している。地下水位の低下の要因としては、同国の主食である小麦を灌漑生産するための揚水や、多くの男性にとって日常欠かせない「カート」というアンフェタミンのような作用のある植物を育成するための灌漑が挙げられる。

アナリストの推定では、イエメンの淡水のおよそ40%が、食料としての価値が全くない作物であるカートの生産に使われている。しかも、栄養失調によって全体の半数以上の子供たちの成長が妨げられている国で、である。水不足のせいで豊かさと自国の子供たちの生存すら脅かされることになりかねないのに、男性のカートへの欲求を満たすために水を大量に使っていることは、社会的行動が男性中心の野蛮な状態になっていることを示している。

イエメンのように深刻な水不足に陥っている国では、ストレスが社会全体に広がっている。人口が増えると、大抵は新しい井戸が既存の井戸の近くに掘られ、同じ水をめぐって競争が生まれる。農家が作付面積を広げ、その灌漑に必要な水を手に入れようとすると、町や都市が使っていた水を取り上げることが多く、紛争の火種となる。何百人ものイエメン国民がこのような紛争によって死亡している。地下水位が低下するにつれて、こうした紛争による死亡率は上昇する。

今でさえ水ストレスは深刻だが、人口が記録的なペースで増加し続け、地下水の貯留量は減少し続けているため、将来はさらにもっと深刻化するだろう。不幸なことに、イエメン政府には、この苦境から国を救い出すためのリーダーシップがないようだ。首都サヌアにある中央政府は、水不足への対処を必要とする国民に対してリーダーシップを発揮できなかったために破綻する、世界で初めての政府になるかもしれない。

人口200万のサヌアでは、今や表土に近い沖積帯水層はほとんど枯渇している。掘削当初の井戸の深さは約30メートルだったが、今では古代の化石帯水層に到達する深さまで、掘削業者は900メートル近くも掘らなければならない。この最後の水がめが枯渇するとき、イエメンは自国の将来について考え直さざるを得なくなるだろう。

イエメンでは、帯水層は、涵養速度の少なくとも5倍の速さで汲み上げられている。そう考えれば、もっと深くて涵養されない化石帯水層でさらに急速に枯渇が進んでいるのは当然といえよう。その結果、イエメン全土で地下水位が低下しつつある。サヌアでは、水道水は4日に1度しか利用できない。それよりも小さい都市である南部のタイズでは、20日に1度しか使えない。今やイエメンは、帯水層の枯渇が原因で首都を移転せざるを得ない最初の国となる可能性が極めて高くなっている。

地下水位の低下と帯水層の枯渇によって、イエメンの穀物収穫量は着実に減少しつつあるが、その一方で需要は急増し続けてきた。その結果、現在イエメン国民は、消費する穀物の80%以上を輸入している。今ではわずかばかりの石油の輸出は落ち込み、これといった産業もなく、子供たちの半数以上は身体の発育不全で慢性的な栄養不足状態にある。このアラブ最貧国が直面しているのは、波乱を秘めた暗い未来だ。

イエメンの帯水層が枯渇すれば、収穫量はさらに減少し、飢餓と混乱が広がるだろう。そうして、社会の崩壊という結末を迎えるのではないだろうか。すでに破綻しつつある国家はおそらく、部族の縄張りが寄り集まった状態になり、残っている水資源があれば、それがどんなにわずかなものでも、それをめぐって争うことになるだろう。イエメンの国内紛争は、警備されていない、サウジアラビアとの長い国境を越えて簡単に飛び火する可能性もある。

前述したように、アラブ中東地域では人口が急増しつつあり、世界は初めて、地域全体で人口の増加と水供給量の減少が衝突するさまを目の当たりにしている。この地域の各国政府は、人口増加と水供給の政策を組み合わせることに失敗したため、今や毎日、人口が９０００人ずつ増えているのに、その人口を養うための灌漑用水は減る一方なのだ。

第8章

ナイル川が
干上がるとき

エジプトではめったに雨が降らない。国土のほぼすべてが、純然たる砂漠だ。人口は8900万で、毎年200万のペースで増加している。エジプトの特異な点は、水供給ひいては穀物の収穫をただ一本の川、ナイル川に大きく依存していることだ。約4000年前、地中海に注ぐこの川の両岸に人が住み始めて以来ずっと、ナイル川はこの地域のライフラインなのである。

ナイル川は、中央アフリカのビクトリア湖を水源とする世界最長級の川である。そこから北のスーダンへと流れ、エチオピア高原に端を発する青ナイルと合流する。この後エジプトへ流れ込み、そして地中海へと注ぐ。エジプトは水の97%をナイル川から得ているため、この川の上流の国々で少しでも取水要求が高まることは、当然エジプト政府にとって大きな懸念材料となる。

国際河川に頼らざるを得ないエジプト

エジプトの一人当たりの年間水供給量は、1950年には2500立方メートルと豊富にあったが、人口増加に伴い2013年には660立方メートルまで減少した。こうしてエジプトは、国連が定める水不足の境界線である「1000立方メートル以下」をはるかに下回る国となった。国連は、2025年までに同国が「絶対的な水危機」の状態に転落すると予測している。エジプトが水収支的に世界で最も貧しい国の一つであることに疑問の余地はない。中国がおよそ2世代前に社会目標として一人っ子政策を採用したような形で、素早く人口増加に歯止めをかけない限り、エジプト国民は水不足に脅かされ続けるだろう。

２０１7年3月に米国地質学会の雑誌に掲載された記事によると、エジプト人一人当たりの利用可能な水量は、先に述べたように年間６６０立方メートルとすでに危険なほど低い水準だが、これが２０２5年には６００立方メートルにまで減少すると予測されている。エジプトの人口８９００万人は２０５０年までに推定で1億６２００万人に達し、一人当たりの水供給量が非常に少なくなるため、ナイル川の源流域で干ばつでも起これば、何百万人もの命が脅かされかねない。

いつでも水道から水が出るわけではない。都市住民が1日に数時間しか水道水を使えないこともままある。このような状況の中で、時勢を先取りしたトラック運送業者は、都市に水を運んで戸別販売を始めている。２０１7年7月24日、エジプトのアブドゥルファッターハ・エルシーシ大統領は「テロリズムと人口増加は、エジプト史における二大脅威だ」と述べた。

エジプトの食料事情は特に脆弱だ。この国の主食は、二大主要作物である小麦と米である。小麦は毎年、総消費量２０００万トンのうち８００万トンを国内で生産し、１２００万トン近くを輸入している。水集約型作物である米の収穫量は４００万トンで、すべて国内で消費される。海外から入ってくる小麦の量が膨れ上がり、エジプトは世界最大の小麦輸入国だった日本を抜かした。エジプトでは、トウモロコシのほとんどを家畜や家禽の飼料として使っているが、消費しているトウモロコシ1500万トンのうち、約3分の2が海外からの輸入である。

エジプトではおよそ10年前に、小麦も米も、光合成能力の限界に伴う収穫量アップの限界、私の呼ぶ「ガラスの天井」に突き当たった。穀物収穫量はもはや増加しない。エジプトで特徴的なのは、穀物を輸入するか、それとも穀物を生産する水をナイル川から取水するか、そのどちらかだ。つまり、食料供給崩壊に対して、エジプトは非常に脆弱だということだ。さらにエジプトはパン食の国なので、水供給が不安定になり、ひいてはそれが小麦の収穫量にも影響が及ぶと、一般市民にとって深刻な不安材料となる。エジプト政府は約60%の家庭にパン購入補助金を支給しており、そのため小麦の重要性がさらに高まっている。この補助金は低所得層の国民が対象で、すべての人に十分な食料を確保し、飢餓や栄養不良に陥らないようにすることが目的だ。

エジプトの小麦の単位面積当たりの収穫量はすでに世界最高レベルにあるため、さらに引き上げる余地はほとんどない。これは、農業先進国であり小麦生産国でもある英国やフランスなどでも、かつて起きたことだ。加えて、灌漑に使えるナイル川の水はすべて使用されている。

小麦の需要が高まるにつれ、さらに多くの穀物を海外から調達しなければならなくなる。その一方で、水ストレスが高まっている世界において、食料を海外に依存することがもたらすリスクにも対処する必要がある。

水不足が拡大し食料価格が上昇する中で、エジプトは特に影響を受けやすい。２０１６年、同国は主食である小麦の消費量の60％を輸入した。２０１７年前半、消費者は、上昇する食料価格と、横ばいまたはわずかしか上がらない所得との間で生活苦を感じていた。上流あるいは中産階級――子供たちをエジプトのアメリカンスクールに入れることを望むような家庭の人々――の一部は、ひっ迫する経済情勢が原因で公立学校に戻りつつある。

上流で多国籍企業が土地取得

先の章で述べたように、世界の穀物輸出国の中にも帯水層の枯渇に直面している国がある。穀物の主要輸出国が国内の水不足を理由に輸出を減らすと、食料価格が世界規模で上昇し始めそうだ。輸入穀物に依存しているいくつかの国々はパニックに陥っている。その中でもサウジアラビア、韓国、中国などの裕福な国々は、アフリカ大陸に広がる大平原に大挙して押し寄せ、土地を取得してきた。その土地で、ゆくゆくは小麦や米、トウモロコシを生産し、自分の国で消費しようというわけだ。こうした国々は、このような土地とそこで手に入る水を、自分たちにとっての「安心材料」と考えている。そして困ったことに、こうして取得された土地の一部は、エジプトより上流のナイル川流域にある。その土地の開発が進むにつれて、ナイル川からますます多くの水が取水されるだろう。

歴史的に、エジプトはこの地域で支配的な勢力を持ち、ナイル川の水の権利をほぼ独占的に行使してきた。現在この状況は変わりつつある。エジプトにとって不運なことに、エチオピア、スーダン、南スーダンという上流の国々は合わせてナイル川流域の4分の3の面積を占めるのだが、土地取得の主な標的となっているのだ。外国政府や多国籍アグリビジネス企業が何千から何万平方キロメートルもの土地を購入している。その結果、ナイル川上流域では、エジプトを犠牲にして水需要が増加し始めている。

小麦収穫量は頭打ちだが、水の制約があるため、エジプトはこれ以上耕作面積を拡大することができない。また、すでに高い耕作地の生産性をこれ以上有意に引き上げることもできない。結果として、小麦収穫量の伸びは行き詰まっている。それでもなおエジプトの人口は増え続けており、2015年に8900万人だった人口は2030年までに2900万人増加し、1億1800万人に達すると予測されている。とりわけエジプト政府は家族計画や人口安定化の必要性について話すことすらしたがらないため、増加していく人口に必要な食料を生産できるだけの水を確保するのは手強い難題である。

これはエジプトだけの問題ではない。エジプトの苦境は、アフリカ北東部のもっと大きな、より困難なシナリオの一部となり得る。ナイル川上流に位置する近隣諸国の人口――スーダンの４４００万人、南スーダンの１２００万人、エチオピアの８３００万人――は、エジプトよりもさらに速いペースで増加しており、このため灌漑用水の需要も急速に高まっている。

１９５９年、エジプトとスーダンの間で締結されたナイル川水利協定（The Nile Waters Agreement）により、ナイル川の流量の75％をエジプトが、25％をスーダンが得ることになった。しかしこの協定では、エジプトとスーダンよりも上流にあるエチオピアなどの国々がナイル川の水を使用することに関しては、みじんも考慮されていなかった。エチオピアは交渉のテーブルにすらついていない。裕福な外国政府や多国籍アグリビジネス企業などが、上流域で耕作に適した広大な土地を奪い取るようになって、こうした状況は急激に変わりつつある。このような取引は通常「土地の取得」と表現されるが、実質的には「水の取得」でもある。

エチオピアがナイル川上流に巨大な水力発電ダム「グランド・エチオピアン・ルネサンス・ダム」の新規建設計画を発表すると、エジプト国民は危機感を募らせた。このダムは数年かけて満杯になり、ナイル川の水でできた大きな湖となる。この巨大な貯水湖を満たすための水が必要になることから、エジプトまで到達するナイル川の流量は、何年もの間大幅に減るだろう。

しかし、流量の減少は一時的なものではなさそうだ。このダムの設計者は、発電容量6000メガワットという触れ込みでこのダムを売り込んだ。しかし中立的立場の人々は「流量が最大の時にはそのレベルに達するかもしれないが、確実な電力供給量としてはるかに現実的な数値は3000メガワットというところだろう」と指摘している。このダムはアフリカ最大の水力発電プロジェクトであり、青ナイルが白ナイルと合流する少し手前の地点に建設中である。川を巨大な貯水湖でせき止める場合、川の水が失われる副次的な要因もある。蒸発だ。経験則では、いったんダムに水が満たされた後、貯水湖から年間に蒸発する水の量は通常時で貯水量の5%から7%になる。このため、もともと雨の降らないエジプトにナイル川で流れ込む水量はさらに減ってしまい、小麦の収穫量の見通しはより一層悪化するだろう。

ナイル川に依存するエジプトが今強く意識しているのは、ナイル川の上流の10カ国すべてで人口が急増し水需要が急激に拡大していることだ。外国の投資家がスーダンで取得した土地は、灌漑を行わなければ開発できそうにない。つまり、ナイル川上流の水を当てにする当事者はさらに増えることになる。

エジプトの約3万2000平方キロメートルの耕作地は、ほぼすべてがナイル川流域に限られている。これは単に、国内のほかの地域では水利用に制約があるためだ。水需要は、耕作だけではなく家庭、工業、そして畜産といった部門でも増加しつつある。水の総供給量は増えていないため、こうした部門の水需要を満たすには、水の利用効率の向上、灌漑用水量の削減、あるいはこの二つを何らかの形で組み合わせるしかない。先に述べたように、ナイル川上流域の土地取得の規模は大きい。例えば、韓国は小麦を生産するために、スーダンで約７０００平方キロメートルの土地を取得した。これはエジプトの小麦の総作付け面積の４分の１近くにあたる面積である。エチオピアでは、サウジアラビアの企業が、水集約型作物である米の栽培用に約１００平方キロメートルの土地を賃借した。約３０００平方キロメートルまで拡大できるオプション付きである。これだけでも膨大な量のナイル川の水が必要になるだろうが、さらにインドが、トウモロコシや米などの作物を生産するため、エチオピアの何千平方キロメートルもの土地の長期賃借契約を締結している。

エジプト政府は、今日のナイル川の水をめぐる競争において、１９５９年の水利協定に参加していなかった数カ国の政府だけでなく、増え続ける商業的利権にも向き合わなければならない。ここには、大手アグリビジネス企業や投資銀行、水不足の国々（サウジアラビア、中国、インドなど）の政府による土地取得も含まれる。あらゆる新規参入者が存在する現在では、１９５９年の水利協定は明らかに意味を成さない。

エジプトの苦境は、もっと大きな、より困難なシナリオへと展開していく可能性がある。ナイル川上流の近隣諸国、スーダンとエチオピアの人口は急増しつつあり、食料生産のための水需要が拡大し続けている。国連の予測によれば、ナイル川流域を支配するこれら3カ国の人口の合計は、2010年の2億8000万人から、2050年には1億5200万人増えて3億6000万人になるという。

ナイル川流域の水紛争を避けるために

ナイル川流域での人口増加と外国による土地（そして水）の取得に後押しされ、水需要が増大していることで、ナイル川の自然の限界が圧迫されている。水をめぐる危険な紛争を避けるためには、流域全体で三つの取り組みが必要となるだろう。第一に、政府は人口増加の脅威と正面から向き合い、すべての女性が家族計画サービスを受けられるようにする必要がある。また、この地域全体で女子が教育を受けられるようにするべきだ。なぜならこれが、社会を小家族化と人口安定化に向かわせる道の一つだからだ。それに加え、ナイル川流域各国の政治指導者は、すでに水不足に苦しんでいるこの地域で、推定1億5200万人に達する人口が実現したら水収支的にどのような影響が及ぶかについて、公の場で取り上げる必要がある。予測される増加人口が一人当たりの利用可能な水量に与える影響について、エジプト政府が国民に伝えなければ、古い歴史を持つこの社会に政治の混乱や政情不安が広がる可能性がある。

広範囲にまたがる第二の選択肢は、湛水灌漑や畔間灌漑から、可能な限りスプリンクラー灌漑や点滴灌漑へ移行するなど、より水効率の高い灌漑技術を採用することである。第三の選択肢は、水の集約度が低い作物への転換だ。通常、1トンの米を生産するには、1トンの小麦の生産に用いる2倍の水量が必要となるため、米の消費を減らした食事にシフトすることで、エジプトは貴重な水を節約できる。残念ながら、これは消費者の食べたい物とは合致していない。米を減らすどころか、もっとたくさん食べたいと考えている様子だからだ。

最後に、平和と将来の開発協力のために、ナイル川流域の国々が結集し、外国政府やアグリビジネス企業による土地の奪取をやめさせることによって、恩恵を受けられるだろう。このような取り組みには前例がないため、こうした禁止令についての交渉を成功させるには、世界銀行の仲介で1960年にインドとパキスタンがインダス川水利条約（Indus-Waters treaty）を締結した時と同じように、世界銀行の支援が必要となる可能性が高いだろう。

こうした取り組みはいずれも簡単に実行できるものではない。だが、もし取り組まなければ、水不足が広がって、飢餓が起き、ナイル川地域の水管理をめぐる緊張が高まる可能性がある。パンの価格上昇はエジプトの国内政治の安定を阻害しかねない。そして、ナイル川の水をめぐる競争は生きるか死ぬかの戦いになる可能性がある。

第９章

帯水層の枯渇

―世界の現状―

世界の穀物需要は、容赦なく増え続けている。この需要を後押しする原因は、「人口増加」と「豊かさの増大」の二つだ。豊かさの増大により、かつてないほど大量の穀物に依存する家畜・家禽類の畜産物を、世界で推定30億人が消費し続けることができている。2011年から2016年までの5年間で、世界の穀物消費量は年平均4300万トン増加した。穀物1トンを生産するのに1000トンの水を要するため、穀物消費量の1年間の増加分を生産するにはこれまでより430億トン多く水が必要となる。河川や湖沼が消滅しかけ、帯水層では限界量いっぱいまで、さらには限界を超えて、水が汲み上げられている今の世界の状況で、これだけの量の水を見つけるのは徐々に難しくなりつつある。これまでみてきたように、多くの国が帯水層の過剰な汲み上げに頼ってきた。だが、このやり方でやっていけるのは、帯水層が枯渇するまでである。ひとたび枯渇してしまえば、揚水速度を涵養速度まで落とさざるを得ず、それに合わせて灌漑用水の供給量も穀物の収穫量も減少していく。

水のひっ迫、三大穀物生産国に打撃

世界の主要な帯水層では現在、そのほぼすべてで容量の限界いっぱいまで、あるいは容量を超える水が汲み上げられつつある。三大穀物生産国のうち、米国ではミシシッピ川以西の地域全域で地下水位が低下し、中国では北部および中西部で、インドではほぼすべての州でやはり地下水位が低下している。水資源は、中東や北アフリカの至るところでも着実に減少している。各国政府はいずれ、「人口増加」「豊かさの増大」、そして「都市化」が水需要に及ぼす影響を体系的に調べる必要に迫られるだろう。最後に挙げた都市化に関しては、これまでのところ、向けられるべき注意が払われているというにはほど遠い。農村地域に住む人々が屋内の配管設備が整った都市に移れば、農村地域に住んでいる場合と比べて、一人当たりの４倍の生活用水を使うようになるというのがおおよその目安だ。地球の水循環の限界を超えない範囲で、しかも平和的に、すべての人の将来の水需要を満たしていくのは、控えめに言ってかなりの難題だろう。

世界全体の穀物収穫量のおよそ半分を占める三大穀物生産国――米国、中国、インド――の見通しをまとめてみると、顕著な違いがあることが分かる。米国では、穀物生産地の灌漑面積が１９９８年にピークを迎えて以降、８％減少した。これまでのところ、減少の大きな原因となっているのは、第４章で述べたハイプレーンズ帯水層（オガララ帯水層）の枯渇で、主に南端の浅い部分で目立つ。このように灌漑面積が継続的に減少していることが、すでに生物学上の限界に達成しつつある高い穀物収穫量とあいまって、米国の穀物収穫量の増加を止めたとみられる。それどころか、水不足の広がりによって、同国の穀物収穫量は減少し始めている兆しがある。

中国は、穀物収穫量の5分の4を灌漑地で生産している。その灌漑は表流水に大きく依存しており、その大半は長江と黄河およびその支流から引かれている。このように表流水に頼る傾向の中で目を引く例外は、華北平原で、ここでは地下水への依存が大きい。北部や中西部で地下水位が低下し、これまで以上に多くの灌漑用水を都市が農家から吸い上げている現状を見ると、水供給はひっ迫し、収穫量が大幅に減少する地域も出てくるだろう。

第2章に述べた通り、中国政府は膨大な数の人々を中西部から東部に移動させようとしているらしい。水不足による人々の移動としては、この中国でのケースが現時点では世界で群を抜いて最大だが、これが最後ではない。このような大移動は、始まりであり、この先さらに多くの移住が待ち受けているだろう。２０１８年に中国の中西部での農地放棄による収穫量の減少は、２０１９年までに国内の他の地域でその埋め合わせとして生産される分では全く追いつかなくなり、世界最大の穀物生産国の収穫量は激減するおそれがある。

三大穀物生産国のうち、過剰揚水による社会的な影響を最も直に受けやすいのはインドだ。同国では穀物収穫量の5分の3が灌漑地で生産されている。灌漑用水のうち河川から引いているのはごく一部であるため、インドでは地下水への依存が大きい。さらに第3章に述べたように、現在何百万もの井戸で水が汲み上げられていて、地下水位は驚くべき速さで低下している。インドの水に関する信頼性の高いデータを入手するのは難しいが、同国の総水使用量はすでに頭打ちになって減少し始めているとの見方もある。それが事実なら、まさに中東でそうだったように、水のピークに続いてほぼ確実に穀物収穫量がピークを迎えることになる。そうなれば輸入穀物への需要が高まるが、誰がそれに応えるのか？　答えはどこにもない。

人口増加を止めなければ限界に

すでに述べた通り、世界は新たな時代に足を踏み入れつつある。食料供給量を増大しようとする取り組みを妨げる大きな要因として、水が存在感を増しつつある時代である。水があればもっと多くの食料を生産できる土地はたくさんあるものの、地下水位が下がるにつれて、井戸の掘削コストも水の汲み上げコストも上昇する。「地球が持続可能に供給できる水の限界を超えないようにすること」と、「着実に増え続ける世界の穀物需要に応えること」が衝突している状況は、単に人口増加を止めるだけでなく、地球の水循環の限界内で維持できる規模にまで人口を縮小することが急務であることをはっきりと示している。直ちに出生率を下げて人口規模を縮小することができなければ、いずれ自然の摂理が働いて死亡率が上がり、それによって人口規模が縮小することになるだろう。

世界が干上がりつつあるのは明らかだ。それは、帯水層が枯渇して井戸が干上がってしまったために、何世代にもわたって生活してきた場所を離れざるを得ない人々の数が急増している現状から見て取ることができる。こうした人たちに選択肢はない。「水難民」である。2013年、国連は世界各地で国境を越えて移住する水難民の数が膨れ上がり（当時、年間2500万人超）、初めて政治難民の数を超えたと発表した。それ以来、水難民の数は数倍に増加し、公式の予想として出されていた数をはるかに上回っている。

さらに、経済のさまざまな部門の間で水の奪い合いが激化している。今後に目を向けると、多くの国々で、農業以外の産業部門、すなわち住宅、工業、さまざまな事業の三つの部門が、水利用を今まさに拡大しているだけでなく、この先も拡大し続けていく計画であることが分かっている。水の供給がひっ迫している地域であれば、この三つの部門による水利用の拡大は灌漑用水を犠牲にして行われる可能性が高い。灌漑に利用されてきた水は世界全体の水供給量のおよそ70％超を占めると推定されるが、数年先には減少することはほぼ間違いない。その理由は単純で、競い合う上記3部門が、水を手に入れるのに農家よりも高い額を難なく提示できるからだ。

拡大する水ビジネス

21世紀の文明は、「主に水不足の広がりによって引き起こされる人口移動」という新たな時代に突入しつつある。数千人規模の移動もあれば、数百万あるいは数千万人と、もっと大規模になることもあるだろう。今後何年かで水に起因して発生する数々の移住には、中国のように、国内でとどまるものもあれば、国境を越えるものもある。いずれにせよ、人口分布は必然的に地球の水供給パターンとより同調することになるため、こうした移動によって、この先数十年の世界の人口定住パターンが塗り替えられることになる。

「水には世界市場がない」という訴えを時々耳にすることがある。これはある意味では真実だが、穀物市場は、実際には水の市場である。忘れてはならないのは、１トンの穀物を輸入することは、１０００トンの水を輸入するのと同じだということだ。反対に、穀物の輸出国は、大量の水を輸出していることになる。米国は、今のところ世界屈指の穀物輸出国であるが、同時に世界屈指の水輸出国でもあるのだ。ほかに、カナダやアルゼンチン、乾燥はしているが人口が少なく、小麦の主要輸出国であるオーストラリアなどが主な水の輸出国だ。

現在、農家と民間投資家の両者が農地にかなりの投資を行っている兆候が見られるが、それは単に、土地についてくる水利権を獲得するためだ。テキサス州では、やり手投資家のブーン・ピケンズ（２０１９年9月死亡）が数十平方キロメートルの牧場に投資をしている。その土地の地中に眠る水を、「テキサスのパンハンドル（フライパンの取っ手）」と呼ばれる州最北部地域にあるアマリロやラボックといった水不足が深刻な都市に向けて販売できるようにするのが狙いだ。実際彼は、その実現のために６４０キロメートルにも及ぶパイプラインを敷設する計画を立てていた。興味深いのは、場所によっては、地中を流れる地下水の方が土地そのものよりもはるかに価値が高いことだ。テキサス州のケースは、米国の水経済の一部を営利化し、場合によっては独占する試みの最初の事例といえる。

営利目的で水を獲得しようとするこうした動きは、各地の帯水層の枯渇につながるおそれがあり、井戸が干上がれば、その地域に住む人々はたいてい移住を強いられることになる。もっと大局的に見れば、水の状況が変化することで地域経済が変わる。水不足が進むにつれて、農家は今よりも水効率の高い作物に切り換えると同時に、今よりも効率的な灌漑手法に切り換えざるを得なくなる。中には、農業から完全に退くしかない農家も現れるだろう。

地域の水供給が底をついてしまい、暮らしを継続できるだけの時間の尺度で涵養が進んでいないという理由のみで、ますます多くの地域社会や、国土の一部さえも放棄されるおそれがある。第5章に書いたように、パキスタン南西部のチョリスタンでは、現在帯水層が枯渇して井戸が干上がり、推定19万2000人が自分たちの住んでいた村を放棄しつつある。イランでは、国の南側70％に当たる地域で水が尽き、そこから逃れようと何百万という人が北西部に移住した。さらに、中国では乾燥が進む中西部から東部へと膨大な人数の大移動が行われていることを忘れてはならない。

水が豊富にあった長い歴史が終わり、水不足の時代へと移行する中で、新たな市場が生まれつつある。そうした市場では、水のある地域で水利権を獲得し、水不足の地域に水を販売するといったやり取りが行われている。発展途上国では、たいていの場合、農村地域に住む人々から水利権を買い上げて、その水を近隣の都市に向けて販売することになる。そうした都市で利用できる水道水は、必要な量に全く達していないのが実情なのだ。すでに書いた通り、政府が消費者のニーズに応えられていない都市では今、水を販売するトラックが数千台走っている。インドやイラン、パキスタンなどいくつかの国では、このトラックで水を販売する業者が経済を構成する重要な要素となりつつある。

世界各地の都市の近くに住む農家は今や、灌漑用水を売れば、その水で作物を生産して得られる額を大きく上回るお金に換えることができる。農家が水を売り、地下水位が低下していけば、ゆくゆくはさらに深い井戸までも干上がり、農村地域から水が奪われることになる。そうなれば、農村に住む人々は降雨に頼る農業に戻るか、農業から完全に手を引き、新しい生計手段を求めて最も近くにある都市に移住するかのいずれかを選ぶしかない。「農家」対「都市と工業」で水をめぐって争えば、農家に勝ち目はない。工業開発とそれに伴う雇用創出が国の経済目標として何よりも優先される中国のような国では、農業は、他部門への分配を終えた後の残りの水しか受け取れない立場に置かれつつある。

中東であろうと、中国の華北平原であろうと、米国のハイプレーンズ帯水層であろうと、過剰揚水がいかにして帯水層の枯渇、ひいては穀物収穫量の減少につながり得るかを、私たちは今、目の当たりにしている。一部の国では、これがすでに現実になっているのだ。

水を使うのは誰か

以前は、帯水層の枯渇が収穫量の減少につながるのは、サウジアラビアやシリア、イエメンなど規模の小さい国に限られていた。今では、イランやメキシコ、パキスタンといった、水供給に余裕がなくなり始めている乾燥の激しい中規模の国で、収穫量が減少し始め、間もなくそうなる兆しが現れている。イランの穀物収穫量は、50年にわたって徐々に増加したのち、灌漑用の井戸が次々に干上がり、農業が北部に追いやられ、今では減少に転じる兆候が見えつつある。農地も放棄されている。メキシコでは、帯水層が枯渇して、水の供給量は確実に減少している。灌漑用水の供給量の減少に伴って、同国の穀物収穫量はこのところ減り始めた。パキスタンでは最近、水使用量が持続可能な水供給量を上回ったとみられる。そうなると、穀物収穫量の減少も差し迫っているおそれがある。年間４６０万人ずつ人口が増えている国にとって、この事態を乗り切るのは簡単ではないだろう。

これまで、メキシコからの移民は職を求めて国境を越え米国に渡っていた。メキシコに広がる水不足で、都市から水がなくなり、農業が縮小し、農家や農業に従事する労働者がともに立ち退きを余儀なくされるに従って、現在、国境を越えて米国に向かう移民の数は膨れ上がっている。実際、水を求めて移り住む人々の急激な増加が、長年続いてきた職を求めて米国に移住する人々の流れに拍車をかけている。

要するに、水がひっ迫しているために、世界の食料生産の増大がさらに難しくなっているのである。ここである疑問が生まれる。「水不足によって今後穀物生産はますます抑制されるが、その減少分は、過去75年にわたって世界の穀物生産を着実に拡大させてきた技術の進歩による増収を、すぐに帳消しにしてしまうのだろうか？　あるいは、それを上回るとも考えられるだろうか？」この４年間、世界の穀物収穫量の増加には陰りが見られるが、これは新たな時代の幕開けを知らせているのかもしれない。個々の国ではすでに現実となっているところもあるように、世界の穀物収穫量の減少が始まる合図である可能性はないだろうか？　国際レベルでは、ナイル川流域でのエジプトと上流に位置する国々との間で起きている対立など、水をめぐる紛争がニュースになっている。だが国内に目を向けると、農家と都市が水を奪い合うケースの方が多く、政治指導者が精力を傾けているのはこちらの対立だ。実際、国によっては、都市や工業がこれまで以上に多くの水を必要としているため、帯水層の枯渇で水供給量が減り続けているだけでなく、それから農家が受け取る割合までも減っているのだ。

米国では現在、ミシシッピ川以西のすべての水は行き先が決まっている。この広大な地域にある大都市や数々の小さな町の水需要の高まりに応えるには、普通に考えれば農業から水を回すしかない。水の価値が上がれば上がるほど、水利権を都市に売る農家が増えている。今やその売上は米国西部の経済情勢に欠かせない要素だ。過去何年かは、個々の農家や灌漑地区による水の販売は、どちらかと言えば他の農家に向けたものが多かったが、最近では成長著しい都市や地方自治体への販売が増えている。

この先、水をめぐる紛争は国内のものであれ国家間のものであれ、水不足がさらに進むにつれて激化する可能性が高いと見込まれている。実際のところ、そうならないとは考えにくい。水の奪い合いは、ナイル川やインダス川、ガンジス川、黄河など、世界のすべての主要河川の流域で激しさを増している。米国とメキシコの間では、国境を接する両国で数百万人ずつ人口が増えるという想定のもと、コロラド川の水を今後どのように分け合うかが、両国関係に深刻な緊張をもたらしかねない問題の一つになっている。

非営利の研究機関パシフィック・インスティチュート（Pacific Institute）では、水と安全保障の関係を調査しており、水をめぐる暴力的衝突の年間の発生件数を集計している。その報告によると、直近の10年でこうした紛争は4倍に増えたという。同団体で長年所長を務めるピーター・グライクはこう話す。「水をめぐる紛争のリスクは、縮小するどころか、拡大していると思われる。奪い合いの頻発化やずさんな管理、そして突き詰めれば、気候変動の影響がその原因であろう」。

水の奪い合いが生じる兆候は今や、コロラド川やナイル川、メコン川など、国をまたぐ国際河川が流れるほぼすべての地域で確認できる。急成長を遂げている都市もそれぞれ、将来の水供給を確保しようとしている。２２００万人を抱えるテヘランは、水の配給に関する緊急時対応策をまとめているところだ。

世界の水資源にかなりの負担がかかっている今、世界人口の増加が続けば、一人当たりの利用可能な水の量は減少し、これまで以上に圧迫されるレベルになる。中東諸国のように人口が急増している国では、一人当たりの利用可能な水量は急速に減少している。もはや政治指導者は、人口政策や家族計画サービスの提供について、国民に供給しなければならない水の量から切り離して考えることはできない。国を代表する政治指導者が人口政策と水の安全保障の関係を公然と分析したり議論したりすることはめったにないが、この現状は変えなければならないし、やがて変わっていくだろう。例えば、人口統計学者が国の人口政策をまとめる際には、現実を見据えて、予想される人口増加に伴って生じる水需要が、水の循環上、持続可能な供給量を超えないように、水文学者と一緒に考えていかなければならない。

私たちの未来を脅かすものの一つが、水の使い方を管理・計画する必要性がひどく軽視されてきたことだろう。国によっては、政府が水に関する当面の対応を定めた計画を立てているが、長期的な計画がある国は比較的少ない。各国政府は概して、今や世界を覆い尽くしつつある水不足に対処する準備が十分にできていない。

米国南西部のように水供給がひっ迫している地域では、農家と都市は利用可能な水をめぐってますます激しく競い合っている。ラスベガスやツーソン、フェニックスなど、米国南西部の乾燥地帯にあるいくつかの都市では、予想される水の供給量を限界内に留めるため、一人当たりの水使用量を減らす取り組みを進めている。他の都市よりも有効に水を利用している都市では、主に水のリサイクルによって問題を解決しようとしているところが多い。

実質的にすべての淡水の行き先が決まってしまっている今、経済成長を進めながら、地球の水資源を限界内でやりくりするには、経済そのものの再構築が必要となるだろう。再構築された経済では、水のリサイクルだけでなく、水の利用効率を高めていく上でも、都市の協力がなくてはならない。また、農家であろうと、実業家であろうと、そこに住む消費者であろうと、水を使用するすべての者を対象とした水の利用効率に関する新たな基準が必要だ。発電部門は、水を大量に消費する石炭火力発電から、水を使用しない風力発電や太陽光発電への置き換えを速やかに進めることになる。

第10章

地球の砂漠化

自然のプロセスや人間によるずさんな管理、あるいはその二つが相まって、肥沃な土地が植物の生育に適さない荒れ地と化す現象を「砂漠化」という。この砂漠化が今、私たちの未来を脅かしている。1950年に25億人だった世界人口が2015年には73億人と3倍近くに増えたことと、それに伴って1950年には推定7億4000万頭だったウシの数が2015年には13億頭に増えたことの両方が、砂漠化拡大の原動力となっている。その結果、耕作地や草地が砂漠と化しているため、地球上の肥沃な土地、つまり私たち人間の命を支える土地が減少している。

過放牧が砂漠化を加速

中東や北アフリカのようにもともと乾燥している地域では、砂漠の拡大によって、耕作地でも放牧地でも侵食が進んでいる。中国の北西部と中西部、インド北西部、パキスタンやイランの大半、メキシコ北部、そして約5500キロメートルにわたって続くアフリカのサヘル地域一帯と、砂漠化は今や地球のあちらこちらで進行している。その影響は、まさに水が尽きかけているシリアのような国々でも確認できる。砂漠化が特に目立つのがアルジェリアだ。サハラ砂漠の北進によって、同国に住む2100万人は迫り来る砂丘と地中海の間に残された、なおも減少しつつある狭い土地にじわじわと押し込められている。サハラ砂漠の南側では、同じようにナイジェリアの1億8200万人が南進するサハラの砂丘と大西洋の間に押し込められつつあり、村を離れ、東への移住を余儀なくされている。カメルーンやチャドといった近隣国に移住するケースもある。

帯水層の枯渇が一因となって土地が乾燥し、風による土壌侵食の影響を受けやすくなっている。侵食が起きると、次は土地を覆う植生が少なくなるため、土壌中の有機物が減少し、降雨を吸収・貯留する土壌の能力が低下する。土地の乾燥が進むにつれ、将来の作物収穫量は「帯水層の枯渇」と「土壌侵食」という二つの要因によって脅威にさらされる。そして、人間が加速させたこの二つのすう勢は、互いを強化し合う関係にある。

地球の表面の大部分を15センチメートル足らずの薄い膜で覆う表土層は、文明の基盤である。地形学者のデイビッド・モンゴメリーは著書『土の文明史』の中で、土は「地球の皮膚――地質学と生物学の境界」であると書いている。

地球の地面を覆う薄い表土層は、新たな土壌が形成される速度が自然に起きる侵食の速度を常に上回っているときに、地質学的な長い時間をかけてできたものだ。しかし20世紀までに世界中に農業が広まると、多くの地域でこの関係が逆転して、土壌侵食が著しく進み、観測史上初めて土壌侵食のペースが新たな土壌形成のペースを超えた。今日、世界の耕作地のうち3分の1近くで、新たな土壌が形成される速度を上回る速さで表土が失われており、その土地が本来持つ生産性を損っている。地質学的な時間の尺度で形成された土壌が、人間の時間の尺度で吹き飛ばされたり、洗い流されたりしているのだ。

国際環境ジャーナリストのスティーブン・リーヒは、『アース・アイランド・ジャーナル』誌への寄稿で、土壌侵食は通常緩やかに進行するため、気付いたときにはすでに手遅れになっていることが多いと指摘する。「それは車のタイヤが摩耗するようなものだ。誰にも気付かれずに徐々に進行するプロセスで、あまりに長い間無視し続けると破滅的な結末を招く可能性がある」。

風雨による土壌侵食は、すべての大陸で各国政府に試練を突きつけている。土壌侵食を進行させる要因の一つが、過放牧だ。現在、放牧地で飼育されているウシ、ヒツジ、ヤギは世界全体で34億頭と過去最多である。家畜の数は、人口規模のおよそ半分であり、急速に増加している。その結果、過放牧となって植生が破壊されつつあり、土地は侵食の影響をさらに受けやすくなり、多くの場合、砂漠になってしまう。

水の問題は今に始まったことではない。灌漑農業に大きく依存していたメソポタミアの古代文明は、チグリス川とユーフラテス川から灌漑用に引いていた水が漏出した結果、何年もかけて徐々に地下水位が上昇し、ついには地表から30センチメートル以内にまで地下水が迫るという苦境にあることに気付いた。ここまで来ると、水は土壌を通じて大気中に蒸発し始め、多くの場合、地下水にわずかに含まれている塩分が土壌の表面に残るようになる。時間をかけて塩分が蓄積されるにつれ収穫量は減り始め、やがてそのことがシュメール文明を蝕む一因となり、衰退そして崩壊へと導いたのだ。シュメール人にとっては、地下水位の上昇が自分たちの文明を崩壊させた一因となったが、私たちの文明を脅かしているのは地下水位の低下である。

土地や水資源の管理がずさんなのは、古代文明に限った話ではない。20世紀に世界人口と食料生産が飛躍的に拡大したことで、多くの国で農業が極めて脆弱な土地にまで拡大された。米国では、大草原地帯での過耕作と１９３０年代に7年連続で続いた干ばつが重なって、この地域特有の砂嵐「ダスト・ボウル」が生じた。今となっては比較的小さいダスト・ボウルだったのだが広範な耕作地から表土をはぎとり、当時は何千もの農家とその家族が大草原地帯を離れざるを得なくなったことから、米国の歴史における悲劇の時代とされた。多くの人が新たな暮らしを求めてカリフォルニアに移り住んだが、その様子はジョン・スタインベックの小説『怒りの葡萄』を通して今も語り継がれている。

こうして加速していく土地の劣化を何とかしようと、１９３５年、当時のフランクリン・D・ルーズベルト大統領と農務長官ヘンリー・A・ウォレスは土壌保全局（ＳＣＳ）を設置した。米国農務省に属する機関で、すぐに全米すべての郡に一人ずつ職員が配置された。ＳＣＳは、国の土壌を安定させるための計画を早急に策定し、実行に移した。同局は、防風林と輪作、帯状栽培、等高線栽培（従来のやり方に変わる栽培方法。これまでは、勾配に沿うように上下する直線上に栽培されることが多かったため、侵食が非常に起こりやすくなっていた）を組み合わせることを軸に、対策を実施した。そして最後に、すきを入れるべきではなかった土地を草地に戻した。大規模な植林を強く訴えたフランクリン・D・ルーズベルト大統領は、設置した防風林を好んで「自分の木」と呼んだ。

それから30年後、次はソビエト連邦で歴史が繰り返された。1954年から1960年にかけて、草地を穀物栽培地に変えようとする大規模な取り組み「処女地開拓計画」で、カナダとオーストラリアの穀物作付面積を合わせたよりも広い面積の土地が耕作された。その結果、開始当初はソビエト連邦の穀物収穫量が飛躍的に増加したが、その成功は10年ももたず、その後砂嵐が起きた。その状況を恐れた政府が一斉に計画を取り止め、侵食されやすい土地の大半を草地に戻した。

風食で深刻な土壌喪失

2018年の時点で、世界はこれまでに巨大な砂嵐の発生を3度目撃している。いずれもこれまでに見られた規模を大きく上回るものだ。そのうちの一つは、アフリカのサヘル地域という、サバンナに似た生態系でサハラ砂漠と南方の熱帯雨林を分離する一帯に広がっている地域で起こった。観測史上、群を抜いて長い砂嵐で、西はセネガルやモーリタニアから東はエチオピアやソマリアまでおよそ5500キロメートルに及ぶ。もう一つの砂嵐は、アジアの中央部を中心に、モンゴル西部と中国北部および西部の大半にまたがる。近年発生したこれらの砂嵐はどちらも規模が非常に大きく、これらに比べると1930年代に米国で発生したダスト・ボウルなど小さなものだった。

中国はとりわけ、最大の難題に直面する可能性がある。1978年に転機となった経済改革が行われると、人民公社による規模の大きな生産集団に代わって個々の農家が農業や牧畜を担うようになり、放牧地は共有化されて、国は家畜数の統制を一切行わなくなった。中国のウシ、ヒツジ、ヤギの数は急激に増加して、典型的な「共有地の悲劇」が起きた。米国は中国と同規模の放牧を支えられる力を有する国だが、ウシの数は9300万頭と、中国の8300万頭より少し多い程度だ。だがヒツジとヤギは、米国ではたった800万頭であるのに対し、中国には2018年、2億8100万頭いる。これらの家畜は、今や広大な放牧用の共有地と化した中国西部と北部の省に集中しており、その土地を守ってくれる植物をむしり取っている。そうして、仕上げをするのは風だ。砂嵐が細かい粒子状の土を運び去り、放牧地を砂漠化させている。このことからも、中国で信じられないほどの大勢の人々が中西部の半乾燥地域から東部に移り住みつつある理由が分かるだろう。

中国科学院に所属する世界有数の砂漠学者である王濤の報告によると、1950年から19

75年まで、中国では年に平均して約1600平方キロメートルの土地が砂漠化した。1990年から2000年までの10年は、一年間に失われる土地の面積が約3600平方キロメートルもの膨大な量にまで急増した。全長約225キロメートル、幅約16キロメートルの肥沃な土地が毎年失われていると想像してほしい。こうした砂漠化の傾向は、21世紀に入ってもとどまることなく続いている。『仮邦題：砂漠のM&A（Desert Mergers and Acquisitions）』という何年も前に発表された米国大使館の報告書や、最近になって撮影された衛星画像を見ると、中国で最大規模の砂漠のうちバダインジャラン砂漠とトングリ砂漠の二つが拡大して合体し、内モンゴルの一部と隣接する甘粛省の一部にまたがる一つの大きな砂漠を形成しつつあることが分かる。中国の最も西に位置する新疆ウイグル自治区では、タクラマカン砂漠とクムタグ砂漠というさらに拡大する二つの砂漠も〝合併〟間近だ。

アフリカも、風食による深刻な土壌喪失に見舞われている。オックスフォード大学で地理学の名誉教授を務めるアンドリュー・ガウディーの報告によれば、かつてはめったに発生しなかったサハラ砂漠の砂嵐が今では珍しくなくなった。ガウディーの推定では、この50年間でその数は10倍に増加したという。中でも砂嵐による表土喪失の影響を最も強く受けているのは、これまでのところニジェール、チャド、ナイジェリア北部、ブルキナファソだ。アフリカ大陸の極西部に位置するモーリタニアでは、1960年代前半には年に2回だった砂嵐が、2004年には80回に急増した。砂嵐はその後も高頻度で発生し続け、放牧地も耕作地も広範囲にわたって荒れ地と化している。

何年も前に確かな精度で算出したところ、アフリカで突出して人口が多いナイジェリアは、放牧地と耕作地合わせて毎年約３５００平方キロメートルを砂漠化で失っていることが分かった。政府は当然ながら、この喪失を国の安全保障上の深刻な脅威とみなし、砂漠化を止めるべく懸命に努力したが、その努力は報われなかった。この10年でナイジェリアの穀物収穫量は激減している。１９６０年に８００万トンだった穀物収穫量は、２００５年には２７００万トンまで増えてピークに達したが、その後減り始め、２０１７年には22％減少して２１００万トンとなった。同国における人口の急増を踏まえると、一人当たりの穀物収穫量はここ12年の間に40％減ったことになる。にわかには信じられないほどの減少だ。

アフリカのサハラ砂漠はとどまることなく南へ進出し、その先にいる農家や村人たちを追いやっている。農業を営むシロナ・ムハンマドは、ナイジェリアの北東部に住んでいたが、迫り来る砂漠から逃れるために南に移り住んだ。彼と同じように何千人もが移住を余儀なくされた。それでも砂漠の進行は止まらず、ムハンマドはまたもや住処を追われ、さらに南へ移住せざるを得なくなった。彼は、この状況を端的にこう言い表す。「砂漠は、私たちの畑も、道も、そして生活も丸ごと飲み込んでしまった」。

もう一人の村人アミン・マフムードもやはり2度の移住を経験し、そのたびに迫り来る砂丘にわが家を明け渡してきた。こうした村人たちは今も移動を続けながら、家だけでなく、生活の糧まで奪われているのだ。

3人目の村人はマイロという女性だ。彼女は「今では、水は黄金よりも貴重だ」と話す。村人たちは、黄金がなくても生きていけるが、水がなければ生きていけないことを知っている。

アフリカ東部では、スーダンでも砂丘が南に向かって拡大し、同国の耕作地を侵食して砂漠へと変えている。スーダン北部にあるナイル川州の住民の多くは、砂丘が耕地に押し寄せて家まで伸びてくるたびに、幾度となく立ち退きを強いられ、さらに南へ南へと追いやられている。スーダン北部の人口４１００万人のうち80％がこの地に住むが、砂嵐から避難して身を守ろうと次々都市に逃れているため、住民数は減り続けている。

すでに述べた通り、アフリカ大陸の西海岸に位置するセネガルから東海岸のジブチまで、大陸を横断する「巨大な緑の壁」の建設が計画されている。この壁は、サハラ砂漠が南の農業地域まで及ぶのを食い止めるためのものだ。セネガルでは、大西洋から内陸に向かって広がる細長い植生が国の西から東へ約５４０キロメートルにわたって続くことになるが、壁ができるまでには何年もかかる可能性がある。この先アフリカに壁ができたとしても、国連が関わっているある調査によれば、砂漠化が進むアフリカ西部のサハラ以南から北アフリカや欧州へ、少なくとも5000万人が2020年までに移り住む可能性が高いとみられる。現時点では、この壁の建設が、砂漠化の進行とそれに伴って退去する移民の増加の両方を食い止めるのに間に合うかどうか、危ぶまれ始めている。

ナイジェリアは、アフリカの未来を形づくる重要な存在だ。同国の人口は、1961年の4600万人から2015年には1億8200万人と4倍に増え、ヒツジとヤギの数は800万頭から9500万頭に増えた。家畜の数が12倍に増えたことで、草地が放牧に耐えられる力を大きく上回り、急速に砂漠化が進んでいる。人口増加が過去最速に近いペースで進んでいるのに、穀物収穫量の記録的な増加は止まり、減り始めたところだ。国連の人口統計学者は2050年にはナイジェリアの人口は4億4000万になると予測するが、仮にその人口増加の道筋を取り続ければ、環境問題に端を発し政治的崩壊までに至るには時間はかからないだろう。ナイジェリアは破綻国家となり、前例のない大規模な人道的悲劇に見舞われることになるだろう。

ほぼすべての地域で砂嵐が起きる頻度も規模も拡大している。世界の数々の地域で砂嵐の頻度が高まっていることから、今では暴風雨と同じように砂嵐の情報が日常的に天気予報で伝えられている国もある。例えば、2015年11月8日、イスラエルで、接近する砂嵐への警戒が高まった際には、イスラエル気象サービスが、「砂埃を巻き込んだ巨大な雲が、東の風に乗ってサウジアラビア北部からイスラエルに向かっている」という警報を出した。同時に、救急医療を管轄する省庁が、呼吸器系に疾患や障害のある人に向けて、「外出を控え、激しい運動をしないように」と注意を呼びかけた。ヨルダンの旅客機は、視界不良のため首都アンマンにある空港に着陸できず、イスラエルのベン・グリオン空港に着陸したのだった。

この砂嵐に先立って、9月にも大規模な砂嵐が数日間にわたって続いていた。先に発生したこの砂嵐は、記録が残っている75年間の中で最もひどく、エルサレムの大気汚染レベルは通常の173倍となった。イスラエル周辺で観測される砂嵐の頻度と規模が拡大している現状から、風による浸食が今や中東全域に押し寄せつつあることが分かる。

世界各地で広がる砂漠化

草地環境の健全性を示すもう一つの重要な指標が、ヤギの頭数である。1970年から2011年までの41年間で、世界のウシの数は3分の1増えた。ヒツジの数は全く増えていない一方で、ヤギの数は2倍以上になった。このような劇的な変化によって、今ではヤギが目立って多くなっているが、これは地球上の草地が現在、広範囲にわたって劣化が進んでいる状況を映し出している。過放牧で草地が劣化すると、通常は草が非常に短くなって部分的に砂漠の低木に取って代わられる。このように悪化した環境では、ウシやヒツジはうまく生きていけないが、とりわけ丈夫な反芻動物であるヤギは、丈の短い草でも低木でも餌を探し出すことができる。

生態学者によると、ヤギの急激な増加は、生態学的な悪化と、いずれ生態系の崩壊が起きる前兆となることが多いとされる。

インド亜大陸も拡大する砂漠との戦いのさなかにある。世界全体の陸地面積の2％あるかないかの国土で、世界人口の18％にあたる国民と、世界全体の15％にあたるウシを何とかして養おうと苦慮している。インド宇宙研究機関（ＩＳＲＯ）の科学者グループによると、インドの陸地面積の25％で徐々に砂漠化が進んでいるという。それにも関わらず、インドでは毎年1400万人ずつ人口が増え続けている。インドの指導者たちは、自滅への道を進んでいることを理解していないか、単に方針を変えようとすることで面倒な目に合いたくないかのいずれかだろう。

国連環境計画（ＵＮＥＰ）のチームの報告によると、アフガニスタンでは、南西部にあるシスタン盆地で「最大で100の村が風で運ばれてきた砂塵に埋もれてしまった」という。この盆地では、レギスタン砂漠が西に移動して農業地域を侵食しつつある。また同国北西部では、アムダリヤ川上流域の農地にまで砂丘が移動している。植物がなくなって砂丘の通り道ができたからだ。ＵＮＥＰチームによれば、5階建てのビルほどある砂丘が道路をふさいでいるため、この地域の住民は新たな通行ルートを設けざるを得なくなっているという。

アフガニスタンの農業灌漑牧畜省が出した報告書は、次のように警鐘を鳴らす。「地力が衰えつつあり、地下水位は大きく低下し、植生は激しく破壊され、風雨による土壌侵食が広がっている」。30年続いた武力衝突によって国土が荒廃してからというもの、アフガニスタンの森林はほとんどなくなってしまった。南部の七つの州では、迫り来る砂丘に耕作地が飲み込まれつつある。

アフガニスタンだけではない。2015年9月に発表された国連が関わっているある調査は、世界各地の砂漠化により、2015年から2025年の間に5000万人の難民が発生する可能性があると警告する。気温の上昇を伴うことが多い気候変動も、難民の増加を後押ししているようだ。150万ものシリア人が自国内やヨルダンの都市へと大移動することになったのは、帯水層の枯渇と土地の劣化、そして内戦が重なったからである。そして、前出の2015年の国連の調査が発表されてから2年がたった今、私たちは当時の予測がいかに控えめなものだったかを思い知らされている。

国の表土が失われていくと、その国は自分たちを養う能力も失ってしまう。深刻な土壌の喪失に直面しているのは、レソト、モンゴル、北朝鮮、ハイチといった国々だ。この4カ国では、いずれも穀物収穫量が減少している。人口わずか200万人でアフリカ最小国の一つであるレソトは、高い代償を払っている。2002年、この国の食料見通しを評価するため国連のチームが現地を訪れた。その調査結果は単純明快だった。「レソトの農業は破滅的な未来に直面している。穀物収穫量は減少しており、土壌の侵食や土地の劣化を好転させるための措置が取られなければ、国土の広範囲にわたって穀物生産がゼロになる可能性がある」。それから10年もたたないうちにレソトの穀物収穫量は半分に落ち込み、国民は生き延びるために他国からの食料支援に大きく依存している。

地球上での砂漠化の進行から飢餓につながるケースはあまりに多い。『ワシントン・ポスト』紙の記者マイケル・グランウォルドは、現地での取材に基づき、レソトでは5歳未満の子供の半数近くが発育不良だと書いている。「衰弱していて、歩いて学校に行くことができない子供がたくさんいる」という。

砂漠化による脅威を認識して、何とかするために効果的な戦略を立てようとしている国がいくつかある。例えばトルコは、過去10年にわたって何百万本もの木を植えてきた。次の10年で国土の30%を木々で覆うことを目指している。

森林再生を主導するリーダーシップも、そのための資源もない国もあるだろう。薪を地域の燃料とし、薪集めが働き口にもなっている国にとっては、切り倒されるペースより早く木を植えようとしてもまずうまくいかないことが多い。これが当たり前の状況で、近年大規模な植林計画を打ち出したトルコは、希望を感じさせる例外的な事例だ。砂漠化を止めるだけでなく、肥沃な土地に戻そうと国を挙げて植林に取り組むこの素晴らしい事例は、砂漠の拡大に苦しんでいる他の国々が後に続く取り組みになるかもしれない。

第11章

水不足と
食料安全保障

水不足について考える時、私たちはまず十分な飲料水を確保することを考える。しかし本当の難題は、2015年に73億人だった地球に暮らす人々と、2030年までにさらに加わると予測される12億人分の人々の食料を生産するための十分な量の水を手に入れることである。85億の人々は一人残らず、食料と水が必要なのだ。

主要帯水層の過半数が枯渇

これまで、世界の農家は、増加の一途の食料需要に追いついていた。しかしこの数十年間は、過剰な水の汲み上げにより世界最大規模の23の帯水層のうち13の帯水層を枯渇させかけることで、ようやく需要に追いついている状況だ。さらに国によっては、農民たちは耕作すべきではない極めて侵食されやすい草地も耕してしまい、砂嵐が形成され、その過程でまだ生産性が高い状態の土地を砂漠に変えるお膳立てをしている。要するに、帯水層の枯渇と砂漠の拡大の二つのすう勢が重なりつつあることで、地球上の生産性の高い土地の面積が減少し、その結果、私たちの未来が脅かされることになる。

つまり、地下水位が低下し砂漠が拡大しつつあることで、私たちの地球文明が「衰退から崩壊へ」の道へと向かっているにもかかわらず、私たちは軽率にも、毎年記録的な8300万もの人口を増やし続けているのだ。どこが間違っているのだろうか？　生殖行動を変えて人口を安定させ、水利用の効率を高める新たな道へと進むことはできないのだろうか？　あるいは、自然が支えるシステムに過度の負担をかけたシュメール人やマヤ人など多くの古代文明人たちと同じように、自滅してしまうだけなのだろうか？　科学者や政治的指導者は、こうした脅威に気付いて対応することはできないのだろうか？

先に述べたように、20世紀半ばに世界で新たな耕作地が不足し始めると、農民たちは土地の生産性を高めるほかの手段を探した。より収穫量の多い新種の穀物を開発し、肥料の使用量を急増させると同時に、収穫量を拡大するための灌漑用に、地下水も汲み上げ始めた。この新しい時代の初期の段階では、すべてがうまくいっていた。地下水を使った灌漑を拡大したことで、乾燥が激しい地域の中には収穫量が2倍、あるいは3倍にも増えたところもあった。しかし、世界の人口が増え続け、食料需要が記録的な水準に跳ね上がるにつれ、農民たちは地下帯水層を過剰に汲み上げ、極めて侵食されやすい土地を耕作することでしか、この増え続ける需要を満たせなくなった。

今日、穀物の三大生産国——中国、米国、インド——はそれぞれ、自国の帯水層を過剰に汲み上げつつある。その結果、中国の北部と中西部、米国のハイプレーンズとカリフォルニア州セントラルバレーの両方、そしてインドのほとんどの州で地下水位が低下し、井戸が枯れ始めている。中国、イラン、カザフスタン、メキシコ、シリア、イエメンなど地下水の枯渇に苦しむいくつかの国々で、すでに収穫量が減少しつつある。他の国々も確実に後に続くだろう。

過去数十年間、農業経済学者たちは世界の食料展望を予測する際、一般的には国ごとの穀物収穫量について最近の傾向を取り上げ、たいていの場合、そこから将来の傾向を推定するだけにとどまっていた。20世紀後半には、農業の機械化や高収穫の品種の採用、灌漑地の拡大、施肥の増加で、ほぼすべての場所で穀物収穫量が増加し続けたので、このやり方は理にかなっていた。しかし21世紀に入り、灌漑に利用できる水量と、施肥による収量増加の可能性はどちらも限界が近づきつつあり、この方法はこれまでのようにうまくいかない。もはや「上げ潮は全ての船を持ち上げる（好景気の時には誰もが恩恵を受けられるの意）」ということわざ通りにはいかなくなったのだ。ほとんどの国では今でも収穫量が増加し続けているが、そうではない国では、帯水層の枯渇か砂漠化、もしくはその両方が原因となって収穫量が頭打ち、あるいは実際に減少しつつある。

先に述べたように、各国の水資源は用水路とパイプラインではなく、むしろ世界の穀物市場によって互いに結びついている。今日、国境を越えて商取引される水の大半は、穀物の形をとっている。水が豊富な国は、たいてい穀物を輸出する。水が不足している国は穀物を輸入する。主に小麦、米、トウモロコシといった穀物の国際貿易は今、強く水に頼って国々を結び付けている。世界的な視点で見ると、穀物は実質上、水の取引に用いられる通貨なのである。

私たちの将来にのしかかる問題のうち特に重要なのは、「今世界中でどれくらいの人々が過剰に組み上げた水で生産された穀物で養われているのか。そして、この人数はどれくらいの速さで増え続けているのだろうか」だ。正確な数字は誰にも分らないが、推測することはできる。まずは10年以上前に世界銀行が出した推計を見てみよう。そこには、インドの人口13億1000万人のうち15%、つまりおよそ2億人が、過剰揚水によって生産された穀物で養われていたことが示されている。インドのこの数値は、今日ではさらに大きくなっている可能性が高い。

インド、中国、パキスタン、インドネシア、イラン、フィリピン、メキシコといった、人口の多い国々は、国民を養おうとして過剰に水を汲み上げつつある。一方米国は、自国民のための食料を生産するとともに輸出を続けるために、過剰揚水を行っている。

近づく穀物収穫量の限界

2016年の時点では、世界の人口73億のうち、控えめに見積もって6億4000万、つまり9%近い人々が、帯水層から過剰に汲み上げた水で生産された穀物によって養われていた。

収穫量の増加を鈍化させている要因はほかにもある。1950年から20世紀の終わりまでの間は、単位面積当たりの穀物収穫量は、ほぼ全ての場所で増加し続けていた。しかし、もはやそんなことはない。過去何十年にもわたって、世界の穀物収穫量の拡大を後押ししていたすう勢は弱まりつつある。水不足と、土壌の侵食や砂漠化、突き詰めれば光合成そのものの限界といった、収穫量に対するマイナス要因の影響を評価するために、私たちは穀物収穫量上位約20カ国の傾向を分析した。そしてこの国々を、穀物収穫量が「増加し続けている国」「横ばいになった国」「減少しつつある国」の三つのグループに分けた。変化し続けている地球の農業史においては、現時点で、どの国がどのグループに属するかを断言することは難しい。時には驚くような事象が起こる可能性も十分ある。

中国、米国、インドといった三大穀物生産国においては、最近まで3カ国ともまだ着実に穀物収穫量が増加していたが、それがいつまで続くかは不明なままである。注意しなければならないのは、中国で大規模な移民が生じれば、それによって相当な規模の耕作地が打ち棄てられ、中国だけでなく、世界の穀物収穫量が減少するのは間違いない。同様に、人口が多く、今でも収穫量が増えている国は、バングラデシュ、ブラジル、エチオピア、パキスタン、トルコ、ウクライナがあげられる。

そしてこれまで述べてきたように、米国では、ハイプレーンズ帯水層と、カリフォルニア州のセントラルバレー帯水層の主要な二つの灌漑用帯水層が枯渇し始めることに伴って、同国の穀物収穫量が減少に転じつつある証拠が増えている。今後20年ほどのうちに、この二つの主要な帯水層での汲み上げ速度は、必然的に涵養速度にまで削減されることになり、それに応じて収穫量は減少するだろう。近い将来、世界でも群を抜いている二大穀物生産国である中国と米国の両方で穀物収穫量が減少し始めれば、世界の穀物収穫量を増加させることは、不可能ではないにしろはるかに困難になるだろう。

多くの農業先進国における単位面積当たりの収穫量は、半世紀以上の間増加し続け、今では極めて高いため、これ以上さらに増えることはないかもしれない。例えば、日本の米の収穫量は100年以上の間増加し続けてきたが、横ばいになった。数十年の間、日本は米の収量を増やすことにおいて世界をリードしてきたが、やがて頭打ちとなり、この17年間は横ばいのままである。中国の農民が、日本が成し遂げた以上に米の収穫量を増やすことはありそうもないが、それができない限り、中国の米の収穫量も間もなく横ばいになるだろう。

中国や米国など、すでに穀物を栽培する土地の生産性が極めて高い国々は、さらに生産性を高めることはできないかもしれない。中国では、2015年は穀物収穫量がまだ増加していたが、少なくともその一部は華北平原の地下にある帯水層の過剰揚水に頼っていた。

米国の穀物収穫量はここ数年増加し続けているが、その理由の一つに、ハイプレーンズ帯水層から、涵養速度の12倍、カリフォルニア州セントラルバレー帯水層から、涵養速度の2倍の速さで水を汲み上げていることが挙げられる。この二つの帯水層の枯渇が進むことは、米国の収穫量が減少し始めることの前兆である。

たいていの場合、現在収穫量が横ばいになっている国々では、過去50年ほどの間に収穫量が急増していた。農民たちが収穫量の高い品種を採用し、必要なだけ肥料を使いながら水資源が許す限り灌漑を行えば、ほどなくそうした国々では収穫量の伸びは鈍化し、やがて止まる。

インド、中国、米国以外の大国で、収穫量の増加が頭打ちとなり、減り始めているとみられる国が二つある。人口7900万のイランと1億2700万のメキシコだ。現在この2カ国の収穫量の減少は両国の帯水層が完全に枯渇して水の使用量が減り、帯水層への涵養速度の水準で安定するまで続く可能性が高い。水が制約要因となって収穫量が頭打ちになった他の国々も、過剰揚水によって帯水層の枯渇が進むにつれて、間もなく収穫量が減少し始めるだろう。

穀物収穫量の今後

偶然にも、最近収穫量がほとんど、もしくは全く増加していない3カ国――アルゼンチン、オーストラリア、カナダ――は、主要な穀物輸出国でもある。これらの国では、少しずつ人口が増えており、それを反映して国内消費量がじわじわと増加しているので、輸出できる超過分は、間もなく徐々に減少し始めるだろう。穀物を輸入している国は世界に100カ国以上あるが、その多くで急速に人口が増加している。これらの国々にとってこの見通しは明らかな懸念事項である。

中国で急速に規模を拡大しているトウモロコシ栽培（最も高収量の穀物）など、新たな取り組みが行われているために、世界の穀物生産を予測することはさらに難しくなっている。米とは対照的に、収穫量が多い飼料用穀物であり、中国では比較的最近主要作物となったトウモロコシは、収穫量が堅調なペースで増加し続けている。豊かな人が増え、肉食が多くなり、直接穀物を消費するより穀物を飼料とする肉や乳、卵を消費するようになるにつれ、トウモロコシの消費は増加し続けている。

急拡大する需要に応え、中国の農学者たちはトウモロコシの高い生産力をさらに十二分に引き出す方法を研究している。この10年ほどの間に飼料用トウモロコシの需要が急増したため、中国のトウモロコシの収穫量は、同国の二つの伝統的な主要穀物である米と小麦の収穫量を上回った。簡潔に言えば、収量の高い飼料用穀物であるトウモロコシが新世界（南北アメリカ大陸）から中国に持ち込まれ、生産が急拡大したことで、世界最大の人口を抱えるこの国の総穀物収穫量をこの10年間で急速に増やすことができたのである。

国によっては、小麦の収穫量も横ばいになった。欧州屈指の小麦生産国であるフランスでは15年前から、小麦収穫量の増加が横ばいになり始めた。日本で米の収穫量が頭打ちになった直後のことだ。２０００年から２０１５年の間、フランスの小麦収穫量は、年間３８００万トン前後で、わずかに上下しながら安定していた。さらに広い範囲で見ると、西欧全体の小麦収穫量も横ばいになりつつあるようだ。

現在、収穫量が明らかに減少している国は、少なくとも7か国ある。幸いこのグループの合計人口は今のところ、世界人口のたった5％である。サウジアラビア、シリア、イエメンの3カ国は、帯水層の枯渇が原因でこのリストに名を連ねた。カザフスタンとナイジェリアの生産性の高い土地を減らしているのは砂漠化である。その結果、収穫量が減少している。どちらのグループもこのすう勢を逆転させることは難しいだろう。人口が急増していることと、砂漠化を進める条件がそろってしまっていることがその理由として考えられる。

収穫量が減少しつつある国のうち残りの2カ国は、北朝鮮と韓国だが、その理由は全く異なっている。北朝鮮は単純に、信じがたいほどずさんな農業経営によってリストに名を連ねた。工業大国になろうと必死の韓国は、工業部門の拡大に経済資源を集中させる、自国の穀物収穫量を減少させている。韓国は、資源を工業化に集中させることができるのであれば、穀物はほぼ輸入に頼っても構わないという考えで、これは50年以上前の隣国日本とよく似ている。

現在の重要な問題は、収穫量がまだ増えている、多くの人口を抱える国々の農民が、これからも収穫量を増やし続けられるのか、そして、収穫量が減少しつつある国々の埋め合わせられるほどの速さで収穫量を増加できるのか、ということだ。このグループは、国内で毎年増える人口を養いながら、豊かになり、肉食へと移り、穀物で肥育された家畜および家禽製品の消費を増やしている、世界中の推定約30億の人々にも、さらなる穀物を供給することができるのだろうか？

そして忘れてはならないのは、制約となるのは水不足だけではないということである。帯水層の枯渇と密接な関係にあるのが、耕作地や草地を砂漠へと変えてしまう砂漠化だ。今や砂漠化は、北アフリカや中東の多くの国々、中国の北部と中西部、そしてインド亜大陸の北西部では、ありふれたものになっている。各国における砂漠化は、生産量を拡大する取り組みをのみ込み、収穫量を減少させかねない。砂漠化ですでに収穫量を減が少している国には、ナイジェリア、カザフスタン、イエメンがあり、これらの国々の人口を合計すると2億2700万人となる。

少なくとも2017年時点で穀物収穫量が増加し続けている国々の収穫量を合計すると、世界全体の収穫量の3分の1を占める。このグループで比較的人口が多い国は、バングラデシュ、ブラジル、インドで、合計26億人近い人口を抱えている。

収穫量が横ばいになり始めたと思われる国々の総人口は29億人で、世界人口の40％近くに当たる。このグループには、アルゼンチン、オーストラリア、カナダが名を連ねており、この3カ国が世界全体の小麦輸出量の大部分を占めている。このグループには日本の名もあるが、日本は何十年もの間、世界の主要穀物輸入国となっている。エジプトもこのグループに属する。

このグループで、主に帯水層の枯渇が原因となり、このところ穀物収穫量が増えていない国々は、イラン、イラク、メキシコである。このグループで最も人口が多い国は、2億5600万人を抱えるインドネシアだが、不安を感じさせるほどの水供給のひっ迫に悩まされている。同国政府はこれを、国の穀物収穫量をすぐにでも減少させかねない傾向と見て懸念している。

そして、収穫量が明らかに減少しつつある国のグループははるかに小さく、その人口の合計は3億5200万人、つまり世界人口のたった5％である。うち3国は、中東のサウジアラビア、シリア、イエメンである。このグループで人口規模が最大なのは、1億8200万人の人口を抱えるナイジェリアだ。この国は、極端な人口過多に伴う過耕作と過放牧によって進んでいる深刻な砂漠化に苦しんでいる。

ナイジェリアの北部では、サハラ砂漠が徐々に南下しつつあり、年々多くの耕作地と放牧地が失われている。アフリカで人口が抜きんでて最大の国であるナイジェリアでは、止めようがないように見えるサハラ砂漠の南進により、そう遠くない将来、そこに暮らす人々がその地を追われる時が来る様子を目に浮かべることができる。村に砂丘が押し寄せて家を追われ、何百万人どころかおそらく何千万人が砂漠難民となる可能性がある。ナイジェリアだけでなく、人口1800万を抱える中央アジアのカザフスタンも、拡大しつつある砂漠に毎年耕作地を明け渡している。

最も懸念されるのは、帯水層の枯渇と砂漠化が相まって、収穫量が減少する国がどんどん増えていくことだ。何度も述べてきたように米国のような農業先進国さえそうなる可能性がある。中西部のハイプレーンズ帯水層と、生産性の高いカリフォルニア州のセントラルバレーの帯水層の両方で枯渇が進んでおり、この2カ所の枯渇が相まって、米国の灌漑面積も将来の収穫量も減少し始めるだろう。

地下水を使う灌漑の不安が広がる国々における食料に関する展望を把握するもう一つの方法は、第1章の初めにある表のデータに目を向けることである。そこで述べたように、中国中西部では、農民は涵養速度の12倍とみられる速度で地下水を汲み上げていた。こうした過剰揚水を行っている国々の帯水層は、いずれ枯渇し、揚水速度は必然的に涵養速度にまで落とさざるを得ないだろう。

前述の米国のハイプレーンズ帯水層は揚水速度と涵養速度の比率が12対1で、当然ながら、帯水層の枯渇とそれに伴う米国の灌漑面積の減少が、すでにかなり進行している。これまで通りのやり方をしていれば、この帯水層は後、25年で大方枯渇することになり、その過程で米国の穀物収穫量は減少するかもしれない。だが米国にとって幸運なことは、莫大な収穫量の大部分を、とてつもなく生産性が高く、降雨に頼る農業を行うコーンベルトから得ていることだ。コーンベルトは、アイオワ州、ウィスコンシン州、ミズーリ州、イリノイ州、インディアナ州、オハイオ州を中心に、その周辺にまたがって広がる一帯だ。前述のように、アイオワ州はカナダよりも多く穀物を生産している。

増加する水ストレスによる紛争

世界レベルに話を戻すと、帯水層の枯渇を示すものの一つが、膨れあがる水難民の流れだ。政治難民の数は2013年（国連の統計がある直近の年）に約2500万人に達しているが、水難民の移動は、長年続いてきた政治的難民をたやすく超える規模となっている。水難民の流れは拡大しつつあり、ほぼ確実に増え続けるだろう。恐ろしい事実は、国内での移動と国境を越える移動と両方の水難民が、間もなく何億人にもなりかねないのである。大人数の移民が意味するものは、最近まで穀物を生産していた土地が大量に放棄されることだろう。さらに前述のように、国連は2020年までに5000万人が、砂漠化が進むサハラ以南のアフリカ西部から北アフリカや欧州に向かって北上する可能性があると推定している。この人々が現在耕作している土地もまた放棄され、その結果、世界の穀物収穫量はさらに減少するだろう。

2015年に始まった、トルコを経て南欧へと北上するシリア難民は、最初の年に推定150万人に上ったが、それを後押しした大きな要因は、非情なバッシャール・アサド大統領政権下での政情不安だった。難民の多くは内戦から逃げ出そうとしていたのだが、すべての人がそうだったわけではない。都市部に移り、その後レバノンや欧州へ移動したシリアの農民と家族の中には、帯水層の枯渇と、それに伴う灌漑用水の喪失によって、自分の土地を追われていた人々もいたのだ。

今後のことを考えると、重要な問題は、水ストレスを抱える国々の政府が井戸を枯らさない水量でやっていけるところまで、人口規模を制限する人口政策を素早く打ち出せるかどうかである。もしできなければ、水難民は増え続けるだろう。一度水難民の流れが始まれば、ドミノ現象が起こる可能性がある。ある地域の水ストレスから逃れようとした移民たちは、また別の場所で帯水層の枯渇を加速させ、それがさらに大規模で長距離の移住が起こる土台を提供することになるかもしれない。このことが残念ながら国をまたいで分かりやすい形で現れているのが、干上がってしまった自国からカリフォルニアへと移り住んだ推定20万人のイラン人の事例である。すでに帯水層の枯渇が進んでいるカリフォルニア州には4000万近い人々が暮らしているのだ。イランは7900万の人口を抱えているのに、国の水文学者によると、持続可能な水供給ではわずか2400万人しか生きていけないという。そのイランで水資源の枯渇が進行していることを考えると、カリフォルニア州を含む国外への移民の流れはしばらくの間続きそうだ。

水ストレスが高まると、紛争をもたらすこともある。こうした紛争は、農民と急成長する都市との間、あるいはそれぞれに水利権を主張する川の下流の住民と上流の住民との間、共有する帯水層から水を汲み上げている人々の間で起こるかもしれない。東南アジアでは、メコン川の水をめぐる争いが激化している。上流にあるタイはダムの建設を望んでいるが、それによって水流は減少し、ベトナム、ミャンマー、ラオス、カンボジアがその代償を払うことになるだろう。その一方で、タイよりさらにはるか上流に位置する中国は、水力発電のためにさらに多くのダムを建設しすでに水覇権を行使しており、下流の国々に届く水量を減らしている。

そこからさほど遠くないインドとパキスタンは、合わせて15億人以上の人口を抱えており、西側でインダス川の水をめぐって争っている。インドは、東側ではガンジス川の水をバングラデシュと分け合っている。そして、エジプトは何十年もの間、ナイル川を独占していたが、その後川の水をスーダンと共有するようになり、今では上流の他の国々と川の水をめぐって争っている。その中の一つであるエチオピアは、人口が急速に増加して９８００万人と、今やエジプトの人口９０００万人を上回っている。

アラビア半島にあり、人口２７００万人を抱えるイエメンは、乾燥が激しく、世界で最も急速に人口が増加している国の一つだ。この国を見ると、政府がこれまで通りのやり方を続けて人口増加を止められなかった時にどんな未来が訪れるのかを思い描くことができる。イエメンでは降雨が非常に少ないため、住宅用と灌漑用の両方で地下水への依存度合いが大きい。この国の一人当たりの利用可能な水量はとてつもなく少ないため、すでに水不足の国に分類されている。首都サヌアの住民は、今では月に1日しか水道水を手に入れることができない。それにもかかわらず天然資源が無限であるかのように、過去最高に近い出生率が続いている。かつて、この地域の文化の中心だった古代都市サヌアは、依存しきっていた地下水が枯渇したというだけの理由で打ち棄てられる、初めての首都になるかもしれない。

農村部では、国の地下水位の低下によって、農民たちがとりわけ大きな打撃を受けている。30年前、農民たちはおよそ90メートルの灌漑用の井戸を掘っていた。今では約900メートル掘ることもざらである。

イエメンの未来は暗い。すでに何百人ものイエメン人が、水をめぐる地域の争いで命を落としているが、その多くは共有する井戸をめぐる近所の住民同士の争いである。イエメンの経済は、かつては石油の輸出によって支えられていたが、その油田は枯れつつある。イエメン経済は、石油の供給が徐々に減っても生き延びられるが、水の供給が減るとそうはいかない。今後、水をめぐって戦争が起きる可能性が高いと考える専門家が増えているが、そのうちの一人であるスタンフォード大学の人類学者、ジェームス・ファーガソンは、「私たちはイエメンに、来るべき世の終末を垣間見ることができる」と述べている。

水へのアクセスをめぐる争いは、地域レベルや消費者レベルで頻繁に起こっている。第3章で述べたように、インドのマディャ・プラデシュ州の農民たちは、自分たちの水を運ぶ水路から、近隣のウッタル・プラデシュ州の農民が水を引き込まないようにするために武装した警備員を雇った。さらにマディヤ・プラデシュ州政府は、州内の水の心配がない地域から特に水が不足している地域へ、50両ものタンク車両列車に水を積んで輸送している。

西半球もまた苦しんでいる。『ニューヨーク・タイムズ』紙は２０１６年初めに、ボリビアのポオポ湖周辺の住民と、この地に入り込んでいた鉱山会社による水の汲み上げによって、湖が干上がったことを報じた。チチカカ湖に次いでボリビアで2番目に大きかったこの湖は、消え失せてしまったのだ。この地域の住民は他の土地に移住し、西半球における初期の水難民となった。

水をめぐって起こりそうな国家間の争いの他の例は、コロラド川の分配をめぐる米国とメキシコの対立だ。歴史的に見て、この2カ国は共有する川の管理に協力的に取り組んできたが、水ストレスが高まるにつれ、それは難しくなりそうだ。この川の流れは、事実上両国の国境となるため、そこからの分水は神経を使うものになるかもしれない。

現在、米国内で水をめぐる争いは増えつつあり、降雨に頼る農業を行う東側の州でも起きている。第4章で述べたように、２０１６年後半にフロリダ州とジョージア州の間で起きた水の権利をめぐる争いは、最高裁判所に持ち込まれることになるかもしれない。米国南東部では、ほかにも水の権利をめぐる争いがいくつもあるが、やはり最後には裁判となることが考えられる。カリフォルニア州は、表流水と地下水の両方に大きく依存しているが、地下水をめぐり、近隣の農民たちの間で争いが起きることがある。低下する地下水位に追いつこうと、こぞってより深い井戸を掘り進めているためだ。文字通り「どん底めがけての競争」である。

カリフォルニア州のセントラルバレーでは、井戸の掘削が盛んで、約165年前に同州で起こったゴールドラッシュを思い起こさせる。今のところ米国一の農業州であるこの州において、井戸の掘削の危険度は非常に高い。『ニューヨーク・タイムズ』紙の記者であるマット・リヒテルは、2015年6月7日付の記事で「セントラルバレーでは井戸掘りブームが起こっているが、これはこれまでのどんな土地の争奪戦にも負けず劣らず激しい水の争奪戦である」と書いている。実際、このずば抜けて生産性の高い谷では、現在のところ涵養速度の2倍の速度で地下水が汲み上げられている。揚水速度を涵養速度まで抑えざるを得なくなるのは時間の問題で、揚水速度を抑えるとなると、この地域の農民たちは、現在地下から汲み上げている灌漑用水の半分を失うことになる。

世界の共通課題「水不足」

カリフォルニア州だけではない。地下水資源の減少はいくつかの世界の古代文明が栄えた土地をも脅かしている。かつて「肥沃な三日月地帯」を形成していた国々のうち、主な部分を占めるシリアとイラクは、急速に地下水を失いつつある。干ばつが発生するたびに新たに井戸の掘削が行われ、地下水の枯渇が早まる。この2カ国は、チグリス川とユーフラテス川の上流に位置するトルコが取水量を増やすことで、両方の川の水流が減っていることからも水を失いつつある。何千年にもわたって農業が盛んで、長年の間「肥沃な三日月地帯」として名をはせたこの地域は、間もなく歴史の本の中だけの存在になるかもしれない。合計1億5300万人の人口を抱える集合体である、中東にあるアラブ諸国にとっての重要な問題は、地域全体の穀物総収穫量が2003年にピークを迎えた後、36％減少しており、引き続き減少しそうだということである。

しかし、これは数多くある事例の一つにすぎない。今日の私たちは、「水不足の拡大」を共通課題としてつながる一つの文明である。この文明で十分な水の供給を確保するためには、世界規模での協力が求められるだろう。河川や湖沼から得る表流水にしても、帯水層から得る地下水にしても、非常に多くの水源が共有されている。そのため、私たちがこの水不足時代が到来した先に待ち受ける経済的・政治的ストレスを生き抜くためには、協力し合うことが不可欠なのである。

水不足についての議論で必ず持ち上がる問題が、海水の淡水化だ。このプロセスは技術的には可能であり、住宅用には手頃な値段であるが、世界の水使用量の約5分の4を占める作物の灌漑に使用するには、あまりにも高価である。

21世紀初頭の私たちの文明が直面する重要な問いの一つは、灌漑用水の供給が減ることで、いつ世界の穀物収穫量の増加が止まるのか、である。確かなことはわからないが、すでに止まりつつあるのかもしれない。2013年から2017年の直近の4年間で、世界の穀物収穫量は、年間24億8000万トンあたりでわずかに上下していた。これは、長年続く世界の穀物収穫量の増加が一時的に中断しているだけなのか、それとも収穫量が横ばいになった後で減少に転じるのか、確実なことは誰にも分からない。しかし、後者の可能性が極めて高そうだ。

今や避けがたいことのように思われる、帯水層の枯渇も砂漠化も続くとしたら、世界の穀物収穫量は、おそらくじきに減少していくかもしれない。もしも世界の人口がかなりの速さで増加し続ければ、その結果、世界の広い範囲で一人当たりの穀物消費量が減少する可能性が高い。その減少は無期限に続くかもしれないし、あるいは少なくとも世界の人口がバランスのとれたところで安定するまで続くかもしれない。各国政府が出生率を抑制して人口規模を安定させるか、飢餓によって死亡率が上昇することで自然とそうなるか、いずれかの理由で、ゆくゆくは世界人口は安定することになるだろう。

帯水層が枯渇し続けている国も多くあり、砂漠が広がっている国も多い。また、その両方が起きている国もある。その実質的な影響は、世界の穀物収穫量の減少としてすぐに顕在化するだろう。帯水層の枯渇や砂漠の拡大は局所的な現象であるが、その影響は地球全体に及ぶ。今日の一体化した世界の穀物経済では、どこで地下水位の低下が起きても、あらゆる場所で食料価格が高騰する可能性があるのだ。

第12章

人類を救うことは
できるのか

それでは、未来について見ていこう。その大きな部分を水不足が決めることになる。先に述べたように全米科学アカデミー（ＮＡＳ）の予測では、世界の一人当たり水供給量が２０１５年から２０３０年までの間に18％減少するという。さらに恐ろしいのが、もしも人口増加を食い止めなければ、このような減少が今後何十年と続き、現代文明を崩壊させるだろうということだ。

一人当たり水供給量の減少はもはや、「将来起きるかもしれないこと」ではない。今現在、起きているのだ。長く続けば続くほど、危険は増していく。現実的に考えるなら、有意義な対応を行うためには、多くの人が主張してきたように人口増加に歯止めをかけるだけでは不十分だ。さらに進めて、地球の水収支的に持続可能な水供給量の限界内に水需要量が収まる水準にまで、人口規模を減少させることが求められる。つまり、世界の水使用量を現在の水準より20％ほど削減するのである。

人口増加と共に増える水需要

地球環境の未来への心配が現れ始めた１９５０年代以降、右肩上がりに増加する人口を地球が支えられるのか、人々の懸念が高まり続けてきている。今、私たちは人口増加に制約をかける一つの要因の出現を目の当たりにし始めている。つまり水の供給である。湖沼や河川が干上がり、帯水層が枯渇し、砂漠が拡大している様子に、これが見て取れる。世界の中でも乾燥した地域では、砂漠化によって、息が詰まるほどの砂嵐がより頻繁に、かつてない規模で発生している。

世界でも最大規模の帯水層では、今や過剰な揚水が当たり前に行われている。世界の水使用量が増え続けるにつれて、使用量と持続可能な供給量との差が広がっている。仮に揚水量を現状の水準に抑制できたとしても、この文明は過剰揚水と崩壊への道を進むことになるだろう。救いの道はただ一つ、揚水量を速やかに持続可能な水準まで、つまり帯水層の涵養量を超えない水準にまで減少させることだけである。

これは簡単ではない。そのためにはまず世界の人口増加を止め、さらに人口規模を縮小させなければならないからだ。うまくいかないかもしれない。その場合には、水不足が食料不足をもたらし、食料価格が高騰して、政情不安が増す。水と食料を求める移民の流れが大量に発生し、制御不能となるため、現在の世界文明は瓦解するだろう。こうしたことが合わさって、ますます多くの破綻国家が生まれ、ついには文明そのものが破綻することになりかねない。

例えば米国は、過剰な揚水をやめようと取り組む中で、大きな難題に直面している。今は過剰に水を汲み上げることで毎年の収穫をなんとか維持しているが、消費量と持続可能な供給量との差は毎年広がり続けている。水の揚水量と涵養量の比が、米国のハイプレーンズ帯水層では12対1、カリフォルニア州のセントラルバレーでも2対1であるのを見ると、米国の食料供給の一部がいかに水の過剰揚水に依存するようになったかが分かる。また、ハイプレーンズ帯水層の枯渇が進んでいることから、米国にも、米国の穀物を輸入する100カ国ほどの国々にも、いかに甚大な被害が及び得るかも分かる。

水文学者の予測によると、ハイプレーンズ帯水層は25年以内におおむね枯渇するので、必然的にこの広大な地域の揚水速度は涵養速度まで引き下げられて、揚水量が現在の12分の1に減ってしまう。カリフォルニア州のセントラルバレーでは、帯水層の枯渇により、灌漑に使う地下水の流量が半分に減少するだろう。中東では、アラビア半島の帯水層での揚水量と涵養量の比が現在5対1である。ここから言えるのは、雨量の少ないこの地域では、現在残されている穀物の生産能力の多くはあと数年で失われるだろうということだ。この地域の住民が確実な水供給を求めて移住するのか、それとも消費する穀物の大半を輸入しようとするのかは、まだ分からない。

右肩上がりの水需要を満たそうと、思慮なく帯水層の過剰な揚水が行われているように思われる。そのために、21世紀の世界文明は衰退と崩壊の道を進んでいる。このことは、天然資源の一つあるいはいくつかを使いすぎた古代文明がたどった道を思い起こさせる。私たちが研究対象としている遺跡で栄えていた文明である。

私たちは今、驚くべき問いに直面している。21世紀の文明の崩壊を避けられるほど迅速に、水の使用量を減らせるのだろうか？　これまでは、水不足とそれに伴う経済の崩壊は、局地的なものだった。今は事情が一変している。経済が一体化した現代世界では、世界のある地域での水不足が世界全体に影響を及ぼす。どこかで大きな帯水層が枯渇すれば、至る所で食料価格を押し上げることになりかねない。

世界の水使用量が徐々に増加してきた主な原因は、人口増加である。地下水位が低下し、井戸が枯れつつあるのを知りながらも、出生率を抑制できないため、世界人口は今、毎年8300万人ずつ増加し、過去最大の伸び幅となっている。崖に向かっているのが分かっているのに、ブレーキペダルを見つけられずにいるようだ。

非常に数多くの国で地下水位が低下しており、一人当たりの水消費量は、心身共に健康な生活を送るのに必要とされる国連の基準である年間1700立方メートルをはるかに下回るまでに減少している。一人当たり利用可能な水量が世界の多数の地域ですさまじい勢いで急減しているため、人口規模を安定化させるだけではなく、縮小させなければならない。そうしなければ、一人当たり水供給量はこのまま減少し続け、生存に必要な水の量を得られない人々が何億人にものぼることになるだろう。

今や、水移民の急増によって、ストレスが高まり始めていることも見て取れる。何百万、何千万もの水移民を目にするのは初めてのことだ。水と耕作地が大量に失われている状況を見ると、人口規模を水収支的に持続可能な水準まで急速に縮小できない場合の行き着く先が分かる。水移民の中には、中国のように（少なくともこれまでのところは）主に国内で住む場所を移している人もいる。また、イランなどの場合は、国境を越えて他の国々へ、中には欧米へと移住している人もいる。

水不足は、世界の食料経済の考え方を根本から変えつつある。過去70年ほどは、穀物が豊富で穀物輸出国が市場を求めて盛んに競い合った時代だった。そういった食料経済から静かに移行しつつあり、穀物輸出を競っていた国々の多くが今や輸出を減らし、さらには自国内の帯水層の枯渇を食い止めるべく、穀物輸出を禁止するかもしれない。この問題に関しては、すべての目が米国に注がれるだろう。その理由は、米国が世界の穀物市場を完全に支配し、１００カ国ほどに穀物を供給しているからにほかならない。この「地下水位の低下」というこれまでになかった状況で、数少ない穀物輸出国は、自国内に残された地下水を守るために、穀物輸出を減らすか、あるいは完全に禁止すると決めるかもしれない。これは、穀物輸出国の心理や、さらにいえば世界の穀物市場全体の潜在的な挙動が、根本的に変化していることの表れである。

「過剰な人口と広がる水不足」の新しい時代では、水が尽きたという理由だけで、何千もの村や何百もの都市が打ち棄てられるだろう。パキスタンのラホールは、７００万の人口を抱える都市で、河川や湖沼といった表流水ではなく、地域の地下水に100％頼っている。だが、地域の帯水層が枯渇するにつれ、このような都市からは住民がいなくなるだろう。科学者は、増加する一方の人口を支えられるだけの水がない都市を、北半球で131カ所特定した。このような都市の一部または全域から住民が立ち退くことは今までなかったことであり、社会の準備が整っていない。かつて見たことのない規模で国内あるいは国境を越える移民により、政治的ストレスが高まる可能性がある。

水ストレスは年々悪化しつつある。将来を見据え、次の問いを投げかけなければならない。「農家は、どうすれば毎年、穀物収穫量の増加を維持できるだけの十分な水を新たに見つけることができるのだろうか？」すでに述べたように、世界の穀物消費量は主に人口増加により年平均4300万トンずつ増加してきており、その生産のために毎年430億トンの水が新たに必要となる。この毎年必要とされる追加分の水は、どこから来るのだろうか？　これは私たちの未来を脅かしている、まだ答えの見つかっていない問いの一つである。だからこそ、人口増加を今すぐ食い止めなければならないのである。

地下水位がこれほど世界の多くの場所で低下する中、警鐘が鳴り始めている。例えば、国家安全保障への主な脅威は、大規模な武装攻撃から水不足へとひそかに変わった。武装攻撃は「起こり得ること」であるのに対し、帯水層の枯渇は「今現在起きていること」なのだ。今、私たちが中国中西部やイラン南部、パキスタン中央部、その他多くの国で目の当たりにしているように、現在人々が住んでいる土地の一部は、帯水層が枯渇して住民がいなくなるだろう。帯水層の枯渇と砂漠化の影響が合わさって、干からびて砂漠化しつつある地域からまだ水のある場所へと多くの人々が移住し、世界人口の集中化がさらに進むだろう。

供給量と使用量のバランスをとるために

水の供給量と使用量のバランスを取り戻すのは容易ではないだろう。具体的には、五つの取り組みが必要となる。一つは、世界全体で人口増加をできるだけ早急に止める取り組みだ。二つ目は、その後、水の需要量が水収支的に持続可能な供給量を超えない水準まで、世界人口を縮小させることだ。三つ目は、農業部門で灌漑効率を向上させるために、総力を挙げて取り組むことだ。人口増加に歯止めをかけ、それから世界人口規模を縮小させるまでに必要な時間を稼ぐのである。ここには、より水利用効率の高い作物に転換することと、より水利用効率の高い灌漑技術を採用することの両方が含まれる。四つ目は、世界の裕福な人々が、自発的にあるいは政府のインセンティブを通じて、肉や牛乳や卵といった穀物集約型の食べ物の消費量を減らすように、ライフスタイルを簡素化することだ。五つ目は、世界のエネルギー経済の再構築だ。とりわけ石炭など、水を大量に必要とする化石燃料から脱却し、水を使わない風力やソーラーエネルギーへの移行を加速させるのである。

水不足は、予想される世界人口の増加を妨げる要因になりそうである。その理由は、飲料水が足りなくなるからではなく、人口増加を支えるのに必要な食料の生産に支障をきたすからだ。国別や世界全体の人口予測を行う人口統計学者は、今や水文学者の助けを借り、水不足の広がりが食料供給に及ぼす影響、ひいては将来の人口増加の見込みに及ぼす影響を盛り込んだ上で、予測をやり直す必要がある。

各国政府にとっても地方自治体にとっても難題となるのが、水不足の地域から水の豊富な地域へと人々が移住する中、世界人口の地理的分布の変化を追跡し、予測することである。これを受けて、今後数年のうちに世界経済の地理的な構造が変わっていくだろう。それによって、世界の一部地域では人口が減ることになる。農民が移動し生産的な耕作地が大量に失われることで、世界の穀物収穫量も減少するだろう。

もしこの分析がほぼ正確であるなら、今すぐやるべきことがたくさんある。第一に、出生率を下げることで、人口増加を早急に食い止める必要がある。水不足の国々で、死亡率の上昇が人口増加に歯止めをかけるのではまずいのだ。また、世界全体で全面的に努力して水の使用量を減らし、持続可能な供給量の水準にまで削減する必要もある。もし迅速に行動を起こさなければ、水不足の広がりにより、少なくとも世界の経済成長が鈍化するだろう。水ストレスが高い国では、経済が縮小し得る。これはすでにエジプト、イエメン、カザフスタンで起きつつあるかもしれない。経済の衰退の結果、政府が破綻し始める可能性もある。水不足から最も直接的な脅威を受けている国の中に、経済の衰退を避けられるほど迅速に水の利用効率を高めることができる国があるかどうか、まだ分からない。最も不足している資源は「時間」なのだ。

人口の安定化に関しては、各国が人口増加に歯止めをかけられることが分かっている。その理由は、30カ国以上（主に欧州と、日本も含む）がすでにそれを行っているからにほかならない。人口規模を基本的に安定させた国の中には、特にフランス、ドイツ、英国、日本、ロシア、ポルトガル、スペイン、台湾など比較的裕福な国が含まれる。これらの国々は、水資源の限界内で人口を安定化させたように思われる。これに負けず劣らず、中国も年間人口増加率がわずか0・5％と、人口の安定に近づきつつある。しかし、残念ながら、その水使用量はすでに持続可能な供給量をはるかに上回っている。ブラジルは、人口2億400万と南米人口の半分近くを占めるが、近年、年間人口増加率がかつての2％から1％未満へと低下した。おそらく今後10年以内に人口規模は安定し、水収支の限界内に収まるだろう。

米国の人口も、今は自然増で年率0・8％増加しているが、連邦政府と州政府が連携して出生率を低下させることにより、今後10年から20年以内に人口規模を安定させられるだろう。東アジア、とりわけ中国では近年、人口増加が緩やかになり、まだ人口増加が続いているのは今や二つの地域、つまりインド亜大陸とサハラ以南のアフリカに大半が集中している。

現在、世界の年間出生率は人口1000人当たり20で、死亡率は人口1000人当たり8である。これらの数字から、自然増加率は1・2％で、年間8300万人が増えることになる。これまで通りのやり方を続けるなら、過剰な揚水を行わなければ現在の人口を維持する水さえ足りなくなりそうだ。あらゆる国にとっての難題は、夫婦1組あたり最大2人までに子供の数を減らすことである。当面は夫婦1組あたり子供を一人とするのが望ましいだろう。このように減少すれば、いわゆる人口置換出生率の水準で出生数と死亡数のバランスが取れるだろう。

期待できるニュースは、家族計画を立てたいものの、そうするのに必要な家族計画サービスを受けられない女性が世界中にたくさんいることである。国際援助プログラムを通じて家族計画の不足を補い、あらゆる国の女性が家族計画を立てられるようにするだけで、実質的に世界人口の伸びを著しく緩やかにすることができるだろう。「そんなお金はない」と言うことはできないはずだ。この重大な費用は非常に小さく、米国の軍事費の四捨五入の中で消えてしまうような数字だ。出生率を下げることによって人口規模を十分な速さで安定させることができなければ、水不足が広がり、収穫量が減少し、飢餓が広がる中で、死亡率の上昇によって人口規模が安定することになってしまうだろう。そのどちらの道を進むのか――選ぶのは私たちだ。

水利用効率を高める

私たちは、新しい経済の時代に突入しつつある。経済成長が水の限界と絶えず衝突している時代である。この半世紀というもの、二酸化炭素排出量を削減しようとして、エネルギー効率の向上と再生可能エネルギーへの移行に取り組んできたが、今や地球が乾燥しているために水利用効率の向上に取り組むことを余儀なくされている。一部の水利用を完全になくすことで、これを実行できる。例えば、発電のための石炭使用を段階的に廃止し、それにより石炭採掘でも石炭火力発電所でも使用される水をなくしていくのである。経済破綻を避けられるかどうかは、農業、工業、家庭部門などすべてにわたって水利用効率を高められるかどうかにかかっている。

あらゆる部門が、水利用の再編の影響を受けるだろう。世界の地下水使用量の80％近くを灌漑が占めるため、ここから始めるのが理にかなっている。世界の灌漑面積は1950年以降3倍以上になったが、ここ数年間は地下水資源が枯渇することに伴って、縮小し始めた国もある。ここには、世界で群を抜く二大穀物生産国の中国や米国も含まれる。農業部門は水使用量の大半を占めており、灌漑効率を非常に大幅に高められる可能性もあるため、非常に重要である。

食料部門において、近い将来の世界で最も節水ができそうなのは、生産側である。ここには、灌漑効率の改善のほか、水利用効率の高い作物への転換などが含まれる。例えば、小麦1トンを生産するのに必要な水は平均1000トンだが、米1トンを生産するには2000トンの水が必要である。エジプトなど水不足の国の中には、「今や米よりも小麦を好んで食べるべきだ」と公に認めつつある国もある。

よく使われる灌漑システムには、点滴灌漑、スプリンクラー灌漑、畦間灌漑、湛水灌漑の四つがあるが、その中で群を抜いて一番効率が高いのは点滴灌漑である。ほかよりも高価な設備と多くの労働力を必要とするが、農家が使用する灌漑用水を大幅に削減することができる。次に効率が高いのが、回転するセンターピボットを用いた、スプリンクラー灌漑である。米国で広く使われており、夏期に米国のグレートプレーンズや中西部の上空を飛行すると、緑色の円形農地が目に飛び込んでくる。その次が畦間灌漑、さらに湛水灌漑と続くが、この二つは最も水利用効率が低い。

先に述べたように、個人レベルでは、裕福な人々が肉食を減らし、畜産物やその加工品の消費量を減らしたりするだけで、水使用量を減らすことができる。肉の消費量が少ない低所得国であるインドでは、穀物消費量が一人当たり年間約200キログラム、1日当たりでは約0・5キログラムである。これに対して平均的な米国人は、1年に一人当たり1トン近くの穀物を消費しており、インド人の約4倍に当たる。このうち5分の1が、パンや洋菓子や朝食用シリアルとして消費されている。5分の2は、肉や牛乳、チーズ、ヨーグルト、卵など、畜産物やその加工製品の形で間接的に消費されている。そして近年では米国の穀物収穫量の約5分の2が、浅はかなことに自動車の燃料となるエタノールの生産に使われてきた。これからの水不足の世界を考えると、自動車用燃料のために穀物を使うことを段階的にやめていかなくてはならない。

さらに今では、低コストのソーラーや風力発電で充電できるバッテリーを搭載した電気自動車（EV）に替えさえすれば、燃料のために使う穀物をゼロにもできる。穀物から自動車用燃料を生産することは、必要不可欠でもないし、効率的でもない。事実、低コストの風力・ソーラー発電でEVを走らせるという選択肢は、経済的にますます魅力的になりつつある。水は不要であるし、二酸化炭素も排出せず、最新モデルであれば1キロメートル当たりの走行に必要な電気代がわずか半分で済むからである。

水赤字から世界各地で紛争も

21世紀の世界は、大きな難題に直面している。世界人口のうちどれだけが過剰揚水による穀物生産で維持されているのか正確なところは誰にも分からない。地下水位が低下し、世界人口が毎年8300万人ずつ増えている世界で、「水赤字」は年を追うごとに急速に悪化している。国際社会として、帯水層が今後どれだけ低下するかを予測した経験はほとんどなく、それにより収穫量がどれだけ減少するかの予測はさらに経験がない。同じことが砂漠化についても言える。9世紀に中米で高度に発達したマヤ文明が衰退に至ったのは、主に森林破壊と過耕作のせいで表土が流出し始めた時だと分かっている。現在の道をたどり続ければ、地下水位の低下と砂漠の拡大が相まって、世界の穀物収穫量が減少し、食料価格の高騰をもたらすだろうということも分かっている。問われるのはもはや、これまでどおりのやり方を続けると「食料価格が高騰するかどうか」ではなく、「あとどのくらいで、どのくらいの勢いで高騰するのか」である。

この人口過密の世界にさらに多くの人口が増え続け、水供給がさらにひっ迫する今、食料価格は、（時間軸を無限にとれば変動するかもしれないが）上昇傾向を示していく可能性が高いだろう。世界の穀物供給量がひっ迫し、食料価格が高騰するにつれ、低所得の穀物輸入国は国民を養うのが難しくなるだろう。その結果生じる社会不安は、政治的な不安定をもたらし、一部の国を破綻に向かわせ、国家の破綻に伴い大混乱が生じる可能性がある。収穫量の減少のせいで最初に破綻する可能性が最も高い国は、アフガニスタン（砂漠化）、カザフスタン（砂漠化）、ナイジェリア（砂漠化）、パキスタン（帯水層の枯渇）、イエメン（帯水層の枯渇）などだ。国家破綻に伴う社会の混乱が伝染し、大量の移住を引き起こして近隣諸国を巻き込む可能性がある。

水不足が広がるにつれ、水資源を共有する国々の間に政治的なストレスも広がるだろう。「肥沃な三日月地帯」にあるイラクとシリアは、すでに水ストレス下にあるが、その上流に位置するトルコがチグリス・ユーフラテス川に注ぎ込む川の水を国内で使用するために多く留めるようになるにつれ、水ストレスがさらに悪化する。

帯水層の枯渇は今や世界の大部分に影響を与えている。地下水位がほとんどの州で低下しつつあるインドを見ると、この規模の揚水をあとどのくらい続けられるのか疑問に思う。確かなことは誰にも分からないが、この国の穀倉地帯であるパンジャブ州では地下水位が年に2・4メートルずつ低下しており、この国の穀物収穫量の近年の堅調な増加にじきに幕が下りるであろうことが分かる。帯水層の枯渇が今後数年のうちにインドの収穫量の増加を緩やかにするだけなのか、それとも実際に減少させるのかどうかは、まだ答えの出ていない大きな問いである。

インドは、米国のミシシッピ川以東と同等の面積に13億1000万人がぎゅっと詰まった人口密度の高い国で、ほぼすべての州で地下水位が低下しつつある。この国は、どこかの時点で再び大量の穀物を外の世界に頼るようになる可能性が高いだろう。過去には、1965年に、雨をもたらすはずのモンスーンがやってこなかった時にその状況が起きた。その時米国は、飢餓が起きないようにと躊躇なくインドに1200万トンの小麦を送った。米国の小麦収穫量の5分の1に相当する量だ。それまでに2国間で行われた食料の移動として、史上最大の量だった。しかし今日のインドにおける穀物の大幅不足は、また違う問題なのかもしれない。米国が輸出できる大量の穀物がなければどうなるのだろうか？　あるいは、大量に輸出できるとしても、そうしたくないと考えた場合はどうなるのだろうか？　大量の輸出は、国内の帯水層をさらに枯渇させ、ひいては将来の収穫量減少のお膳立てをするだけだからだ。

「どん底めがけての競争」が地理的に広がるにつれ、地下水をめぐる争いは、帯水層を共有する国家間で、また国内の隣接州の間で、さらには隣接する農場同士で、激化するだろう。最後に挙げた農場同士の競争は、すでにカリフォルニア州で顕在化している。セントラルバレーは、地下水の揚水量と涵養量の比が2対1で、巨大な農場がある場所だが、隣接する農場同士が井戸の掘削競争を繰り広げており、あっという間にどん底めがけての競争になりつつある。帯水層が枯渇すれば、揚水速度を涵養速度まで低下させるため、必然的にセントラルバレーでの地下水の揚水量は半減するだろう。それに応じて灌漑面積も減少するだろう。

河川が海に達するはるかに手前で干上がるにつれ、上流国と下流国の関係が急速に悪化し得る。米国とメキシコは歴史的にコロラド川の水の配分方法について問題なく合意に達してきたが、今では水需要が供給の限界を圧迫し始めているため、この隣接する2国間の緊張が高まり始める可能性がある。同じように、エチオピアやスーダンをはじめとするナイル川上流の国々がこぞってナイル川から調達する水を増やす中、エジプトとこれら上流国との間でも緊張関係が高まる可能性がある。高まる一方の人口圧力とそれに伴う水ストレスが組み合わさって、ナイル川流域における古くからの政治的な安定が損なわれる可能性はあるだろうか。

水不足が広がる中、上流が下流の流量を制御する「水覇権」は、非常にセンシティブな問題になるだろう。中央アジアから東南アジアにかけて、中国がメコン川の源流を制御している。タイやミャンマー、カンボジア、ラオス、ベトナムといった下流国に犠牲を強いて、中国国内で使用するために留めておく水を増やすことができるのだ。

水集約的エネルギー源との決別

この水不足の世界で、今こそ水の使用量を減らす方法を積極的に探るべきだ。水使用量の大幅な削減は、水を大量に使用する石炭火力発電所からソーラーパネルと風力タービンへと、エネルギー転換を世界で加速させることで実現できる。石炭は水の集約度が高いエネルギーであり、採掘時の洗浄、火力発電所で燃焼させたときの蒸気の発生、さらに冷却といった場面で、大量の水を必要とする。良いニュースは、今では石炭火力発電の代わりになる低コストで炭素を排出しない豊富なエネルギー、つまり風力とソーラーエネルギーがあるため、石炭を段階的に廃止できるということだ。

例えば米国は、石炭火力発電所を急速に閉鎖させつつある。その理由はいくつかある。石炭火力発電所はもはや経済的な競争力がなく、すでに述べたように地球温暖化と大気汚染をもたらす。その煙突から出る汚染された空気を吸うことは、ますます許容されなくなっている。そしてこのほかに、米国では第4章でも述べたように炭鉱労働者が炭塵を吸い込み毎年何千もの人が早くに死亡している。

この驚くような死亡率は低下し始めている。シエラクラブは脱石炭キャンペーンで、石炭火力発電所に反対する全米の市民の声を効果的に利用している。2010年初めの時点で稼働していたと推定される石炭火力発電所528カ所のうち、237カ所もの発電所がすでに閉鎖、または間もなく閉鎖される予定であり、稼働しているのは残り291カ所である。

シエラクラブが主導するこのキャンペーンが2009年に始まった時、目標は「2030年までにすべての石炭火力発電所を閉鎖させること」だった。しかし、シエラクラブに加えて数多くの環境団体や保健団体も参加したこのキャンペーンは、初期の目標を突破した。そのため、2015年に「米国のすべての石炭火力発電所の半分を2017年までに閉鎖させる」という野心的な新しい目標を設定した。この目標も突破したのだった。

石炭は、水を使わないエネルギーの選択肢を組み合わせることで置き換えられつつある。この中には、エネルギーの需要側でエネルギー効率を上げること、供給側でウィンド・ファームやソーラーパネルの導入を急成長させることが含まれる。英国では、洋上風力の発電量が石炭火力の発電量を上回る日もある。これらの動向の効果をすべて合わせると、エネルギー部門の水使用量は激減する。近年米国ではこうした取り組みにより、石炭が低コストの天然ガスで置き換わることで、力強い景気浮揚も起きてきた。しかし結論を言うと、天然ガスは石炭よりもクリーンで今は安価だとはいえ、炭素を排出し気候変動を引き起こす化石燃料であることには変わりない。したがって、長期的には希望を提供してくれるものではない。

世界が石炭から脱却する中、石炭業界が経済的な重圧を受けていることが容易に目に見えるようになりつつある。米国のピーボディ・エナジー社は、世界最大の石炭会社である可能性もあるのだが、2016年4月に会社更生手続きの適用を申請したと発表した。これは、他の業界大手数社、例えばパトリオット・コール社、アーチ・コール社、アルファ・ナチュラル・リソーシズ社などの破産申請に続くものだ。

石炭からソーラー・風力発電への移行は、廃坑のほか、閉鎖された石炭火力発電所、空っぽの貯炭場、石炭を炭鉱から火力発電所へ直接輸送する専用鉄道の廃線、灰処理施設などの座礁資産も生むだろう。

もう一つよく言及されるエネルギー源である原子力は、かつては「測り得ないほど安価な」エネルギー源として推進されたが、今では「考慮し得ないほど高コスト」になった。冷却のために水が大量に必要であり、石炭と同じように水の集約度が高いエネルギー源だ。特に米国、欧州、日本など、世界中でたくさんの原子力発電所が近年すでに廃炉になるか、近々廃炉になる予定である。世界の発電量に原子力が占める割合は1996年に18％でピークに達した後、2018年には11％まで低下した。今も低下し続けている。

中国は近年、世界最大の経済国となったが、ウィンド・ファームの発電量が急増しており、今や原子力を大差で上回っている。この画期的なエネルギー転換が示唆するのは、水を必要とする火力発電が電源構成から消えつつある未来である。

エネルギー部門内で、情報通による投資金は今やソーラーと風力エネルギーに向かっている。いずれも水を必要としないエネルギー源だ。ウォーレン・バフェットは、世界で最も成功している投資家の一人だが、2013年に再生可能エネルギーへの投資用に150億ドルを確保し、その後2015年にさらに150億ドルを投資する準備があると発表した。テッド・ターナーは環境志向の億万長者で、CNNの創設者として広く知られている人物だが、米国南部の地元の電力会社サザン・パワーとパートナーシップを組んで、7カ所でのソーラー発電に投資した。デンバーの億万長者であるフィル・アンシュッツは、20世紀に石炭と石油で財の多くを成したが、数年前からエネルギー投資の対象を再生可能エネルギーへと移してきている。多数の従来規模のウィンド・ファームに加え、風が豊富で人口がまばらなワイオミング州に、広大な3000メガワットのウィンド・ファームも計画している。それとともに、自らが所有する鉄道線路に沿って、約1170キロメートルに及ぶ送電線の敷設も進めている。風力資源の豊かなワイオミング州から、カリフォルニア州およびアリゾナ州の送配電網まで結ぼうとしているのだ。

世界中のソーラー発電の急成長を現在推進しているのは、主に市場の力である。ソーラーも風力も発電コストが低下しているため、エネルギー転換が加速しているのだ。太陽がさんさんと降り注ぐ米国南西部のソーラー発電コストは、いまだに石炭火力発電所に依存している電力会社が提示する料金の半分そこそこだと推定される。

ソーラーや風力エネルギーへの移行と、それによって進む世界経済の電化が、水への依存度を減らす取り組みの中心である。再生可能エネルギーによる安価な電力供給が急増しているため、EVを走らせるコストは今やガソリン車の半分ほどである。このため、EVの販売台数が世界中で増加している。安価な水力発電が盛んなノルウェーでは、EVの販売が増えており、2017年に販売されたすべての自動車のうちの39%に達した。

一方で中国では、中央政府も省政府も、シンプルに自動車の販売と所有を制限している。人口密度の高い日本は、カリフォルニア州くらいの面積の山がちの国土に1億2700万人が住んでおり、車を買おうと思っても、車庫証明がなければ買うことはできない。日本の場合、土地不足が自動車の所有、ひいては炭素の排出量を抑制しているのだ。自動車の使用を抑制するあらゆる措置は、自動車のさまざまな製造段階で使う水の量も減らすことになる。

もう一つ、エネルギーと、ひいては水の使用量を減らす社会変革として関連するものに、自転車シェアおよびカーシェアのプログラムの台頭がある。例えば人口66万のワシントンＤＣには、シェアサイクルの駐輪場が３５０カ所ある。ここではたいていどの人の自宅や職場からも、数ブロック以内にシェアサイクルの駐輪場がある。このような自転車は、低コストで水を必要とせず、広く利用されている。目下、世界中の何百もの都市にこのような自転車シェアプログラムがある。この成功を受けて、新しいシェアサイクル企業の中には、駐輪場を省き、ただ自転車を街じゅうに散らばせ、ＩＣ会員カードのある人なら誰でも、自転車を見つけた場所から利用できるようにしているところもある。

自動車から自転車への移行は、自転車シェアプログラムのおかげで、特に若者の間で勢いづいている。そしてもちろん、自動車の駐車スペースよりも自転車の駐輪スペースを見つける方がはるかに簡単である。

自転車は自動車用燃料を節約できるだけでなく、自動車製造のために原料の加工過程で使用される膨大なエネルギーや水も節約できる。米国で自動車を製造するには、鋼鉄、アルミニウム、プラスチック、ガラス、ゴムなど、約１４００キログラムを超える原料が必要だが、自転車の製造に必要な原料は約14キログラムに過ぎない。大ざっぱな数字だが、自動車を製造するための原料の加工に使われる水は、自転車の製造で使われる水の量のおよそ１００倍である。

ゼネラルモーターズ（GM）社でさえ今や、ミシガン州にある広大な本社構内を動き回るために、従業員に自転車を提供している。

水の使用量を減らすための輸送部門の再編は、生活の質をも劇的に向上させるだろう。ますます電化が進む経済で、騒音を生む内燃機関の数は減っていき、過去のものとなるだろう。都市は静かになり、大気はきれいになるだろう。人口の27％が自転車で通勤するコペンハーゲンのように、路上を走行する自転車がますます増え、自動車は減るだろう。欧州には、今や自転車の販売台数が自動車を上回っている国もある。

カーシェアは、米国をはじめ多くの国々で急速に広がっている。カーシェアプログラム用に自動車1台を導入するたびに、自家用車14台が不要になると推定されている。

エネルギーの節約、ひいては水の節約につながるもう一つの社会変革は、オンライン・ショッピングである。ますます多くの人々がアマゾンで買い物をして、米国郵政公社やユナイテッド・パーセル・サービス（UPS）やフェデックスで商品を配達してもらうようになり、個人消費者が買い物に出かける必要性は低下している。

水を監視する国際機関を

このように多くの面で進歩が見られるものの、水不足が広がる中で、世界は全体として、いまだに激動の未来に直面している。将来起こり得る水不足に伴う大量の人々の移動に対して、組織的で国際的かつ人道的な対応が急務であることが示唆される。水に関する国連機関が主導・支援するような対応が必要なのだ。しかし、こうした国連機関はまだ存在しない。

また、水計画も必要である。私たちは、これまではそうだったからといって、必要な時に水がそこにあるだろうと無邪気に想定することはもはやできない。各国政府は国民に対する適切な水供給を確保する第一義的な責任を負うが、長期的な水計画に類するようなものを全く有していない国が多い。各国政府は今、人口と水の政策を調和させることで水不足の広がりに対応し、国内の水の需要量が供給量を超えないようにする必要がある。地方自治体も長期的な水計画を策定しなければならない。

水部門で大きく不足していることがある。水の需要と供給に関するデータの収集・分析、そして予測だ。もし保健や農業や人口といった特定の問題を扱う国連機関、つまり世界保健機関（WHO）、国連食糧農業機関（FAO）、国連人口基金（UNPF）以外に国連機関がもう一つ必要であるなら、それは水だけに焦点を当てた「世界水機関」である。ウィーンにある国際原子力機関（IAEA）の水文学者、パラディープ・アガルワルが述べたように、地下水の枯渇は集めてしかるべき注目を全く集めていないのだ。「忘れられた存在だ」と彼は言う。

もし水に関する国連機関ができれば、世界中の水のデータを収集し、分析することができるだろう。そして枯渇する地域やその速度を明確にし、国別に水の需給を予測し、その情報を公表できる。ちょうどＷＨＯが保健統計を発表したり、ＦＡＯが農業データを公開したりするのと同じである。そうすれば、あらゆるレベルの意思決定者、つまり農家や消費者、政府職員、企業の企画担当者などが利用できるようになる。正しい判断を行い、先見の明のある水政策を策定できるかどうかは、利用可能な水量、水の使用量、貯水容量、供給の持続可能性、水の利用効率向上の可能性について、信頼できる情報が得られるかどうかにかかっている。また、このような機関は、各国政府が実際に水政策を形成する際の支援も行えるだろう。

もしこのような新しい機関が設置されれば、水不足が地球規模の問題であることをはっきりと伝えるための、世界中の水教育の取り組みを支えることになるだろう。また、あらゆる場所の人々が利用できる世界の水データの宝庫となり、地方、国、世界レベルで水政策を形成する際の中心的な存在となるだろう。水不足の世界では、どこかで帯水層が枯渇すれば至る所で食料価格を押し上げることになりかねないことを、人々が理解できるように後押しできるだろう。人口の安定化・減少に向けて、各国政府と連携し、水収支的に持続可能な水準まで人口規模を縮小させるような人口政策をつくる手助けもできるだろう。

また、このような機関があれば、私たちは皆運命を共にしており、帯水層の枯渇を食い止め、涵養させようとするために力を合わせなければならないということを、常に思い出させてくれるだろう。これは、ささやかな仕事ではない。帯水層の揚水速度と自然の涵養速度のバランスを取り戻すと同時に、世界人口を水収支的に持続可能な水準まで減少させることは、地球文明がこれまでに直面した中で最も困難な課題であるかもしれない。

謝辞

本書は数多くの友人たちの支えから多大な恩恵を受けている。ウォレス・ジェネティック基金はジョアン・マレーの指揮の下、本書の制作の実現のために10万ドルの助成金を提供してくれた。ジョアンは本書の構成についても非常に有益な提案をしてくれた。ジョアンには、資金の面でもアイデアの面でも、深く感謝している。人口調査局のジョン・シーガーも先頭に立って貴重な事務サポートを提供してくれた。

研究と執筆面では、マシュー（マット）・ローニー、ライサ・スクリャービン、エドウィン・〝トビー〟・クラーク、アーリー・シャルトなど、数名の同僚が原稿のレビューを引き受けてくれた。マットは、ジョンズ・ホプキンス大学で環境科学・公共政策の修士課程を修めており、アースポリシー研究所で8年間研究を共にした仲間である。彼の物事の細部を見る目はうらやましい限りだ。労を惜しまず念入りに見直しをしてくれたマットに感謝したい。

ライサは草稿段階の原稿を読んで編集し、より良い作品にするために数えきれないほどの助言をしてくれた。彼女は米国の衛星テレビネットワークであるリンクTV（LinkTV）で、長年にわたり環境番組「アース・フォーカス」（Earth Focus）の制作を担当した経歴がある。

30年来の友人であるライサは、ずっと最高の助言者であり、最高の編集者でもある。

研究レビューチームで豊富な経験を有するのは、アーリー・シャルトだ。多方面にわたる活動家であり、アナリストや文筆家の顔も持つ彼は、環境防衛基金で6年間事務局長を務めた。また米国自由人権協会でも法務部門の責任者を務めていた。その後、環境リーダーの先駆けとして、環境メディアサービス（Environmental Media Services）を設立し、環境団体全体に対して、13年間にわたり、無償で報道に関する指導を提供した。さらに、『タイム』誌の記者、『ニューズウィーク』誌のニュースメディア編集者、UPI通信社やその他主流の出版社でも記者として働いてきた。このように環境に関する知識、優れた文才、編集の経験を併せ持つアーリーは、原稿をより良いものにするために豊富なアイデアを提供してくれた。

原稿のレビューには経験が物を言う。例えば、ずっと前にデラウェア州で州環境局を率い、その後、ワシントンDCで米国環境保護庁の副長官を務めたエドウィン・〝トビー〟・クラークは、豊富な経験を生かして本書のレビューに当たってくれた。トビーはキャリアの早い段階で、環境諮問委員会、環境保全財団（Conservation Foundation）、世界自然保護基金（WWF）に勤務している。2010年にメキシコ湾で起きた、ブリティッシュ・ペトロリアム（BP）社の石油掘削施設「ディープウォーター・ホライズン」の原油流出事故に対応する国家委員会が新たに設立され、運営責任者を探していた時には、すぐにトビーに白羽の矢が立てられた。

私もこの原稿のレビューをしてくれる友人を探し始めた時に、トビーに白羽の矢を立てたのだ。

そして最後に、W・W・ノートン社に感謝したい。44年前、私は米国農務省のために数冊の本を書き上げた。そしてその後、国連から1974年にルーマニアのブカレストで開催される予定の次期国連世界人口会議に向けて、予備知識となる本をぜひ執筆してほしいという依頼を受けた。執筆に同意し、私はその本に『人口爆発――世界人口安定化の戦略』という題名を付けたのだが、国連がその出版社として選定していたのが、W・W・ノートン社だったのである。

これを契機に、ノートン社との関係が始まった。同社による出版は48冊に及び、私の著書は合計で54冊となった。これほどにも生産的で、互いに協力的で、長く続いている著者と出版社との関係を私はほかに知らない。1974年に私を仲間に引き入れてくれた、W・W・ノートン社の創立者であり社長である、今は亡きジョージ・ブロックウェイと、数年間私と共に働いてくれた故イーバ・アシュナーに深く感謝しているのは言うまでもない。ブロックウェイの後任となったのは、W・ドレイク・マクフィーリーである。彼は22年間にわたってノートン社の社長を務め、この比類なき会社の地位と評判を高め続けた。同社は現在、従業員たちの所有になっている。近年、私を担当している優秀な編集者、エイミー・チェリーは、現在W・W・ノートン社の副社長兼書籍編集責任者であり、大きな支えとなってくれている。

出版に協力してくれたのはノートン社だけではない。数多くのほかの言語の出版社にも感謝している。私の著書はグローバルな視点で書かれているため、幅広く翻訳されている。これまでの54の著作からは、ほかの言語版と合わせ、合計で567の版が生まれている。私の本はこの50年間、世界のどこかで平均するとほぼ毎月、いずれかの言語で発行されていることになる。

このように本を執筆し出版してきた間、約42カ国語の翻訳家、編集者、出版社には大変お世話になった。私が最も頻繁に本を出版した言語は（英語以外では）日本語である。引退するまで40年間にわたって、日本語版の運営に携わってくれた織田創樹に謝意を表したい。そして、さらに最近の版の翻訳と出版の手配をしてくれた枝廣淳子にも感謝している。私の54冊の著書がすべて日本語で読めるようになっているのは両氏のおかげである。言語ごとに数えると上位20は以下のようになる。英語（54）、日本語（54）、スペイン語（36）、中国語（31）、フランス語（25）、ペルシャ語（25）、韓国語（24）、ドイツ語（23）、スウェーデン語（22）、ルーマニア語（20）、アラビア語（18）、トルコ語（17）、ハンガリー語（14）、インドネシア語（14）、オランダ語（14）、ポルトガル語（13）、カタルーニャ語（13）、ノルウェー語（13）、フィンランド語（12）、タイ語（11）。

米国とイランとの関係は、国家レベルでは時に多少厳しい状況になることもある。だが、われわれの出版を手掛けてくれたイラン人（ペルシャ人）のハミッド・タラバティ、ファルザネー・ババハールと私との関係は、この上なく良好だ。それ以外にも、環境問題に強い関心を持つ政府当局者を含め、イランの人々は自国で開催する会議に私を招待して講演する機会を設けてくれた。イランで入手できる環境関連の情報は非常に少ないため、われわれの本のイラン語版はよく売れている。ハミッドとファルザネーは共に医師であり、午前中に患者の診察をして、午後にわれわれの本の翻訳と宣伝をしてくれている。彼らは私の親友である。

ルーマニアで先頭に立ってくれたのは、同国の大統領を2期務め、34年来にもなる友人のイオン・イリエスクだった。イリエスク元大統領は、仮に私がブカレストに行くのが遅れたとしても、自ら本を出版してくれるほどの友人である。彼の幅広い関心と懸念は私と非常によく似ている。ある時、私の本を実際に数冊採択し、まるで自分の著書であるかのように出版し宣伝してくれたことがあった。それも、2期にわたって大統領を務めていた期間中のことである。自分の著書であるかのように出版と宣伝をしてくれる一国の大統領とは、最高ではないか。

このように各国で刊行された以外では、欧州議会の元ドイツ人議員であり、ブリュッセルを生活と仕事の拠点にしている長年来の個人的な友人、フランク・シュバルバ・ホッツが、何十年もの間毎年私の本の刊行のまとめ役となって、マスコミや欧州の環境活動家、そして欧州議会の議員たちと協力して動いてくれた。ブリュッセルで彼を知らない人はほとんどいないと思われ、本を宣伝するにしても、欧州の環境意識の水準を高める手助けをするにしても、彼の影響力は非常に大きい。

イタリアでは、私の長年の友人であり熱心な支持者でもあるジアンフランコ・ボローニャが、イタリア語での出版を手配してくれた。彼は多くのイタリアの環境団体とつながりがあり、私の本を驚くほど効果的に広めてくれている。

すべての翻訳版に関してだけでなく、こうした数多くの版の編集・印刷・宣伝を行い、また、何百回もの本の宣伝ツアーを手配してくれた、何百人もの人々と何百社もの出版社にも非常に感謝しているのは言うまでもない。さらに、さまざまな言語の数多くの新聞や雑誌にも、長年にわたって私の本の書評や抜粋をしてくれたことに、特別な謝意を表したい。

私の著書の外国語版をすべて閲覧したい人のために、ニュージャージー州ニューブランズウィックにある私の母校、ラトガース大学・環境生物科学研究所（Rutgers University School of Environmental and Biological Sciences）の「レスター・R・ブラウン著書閲覧室」には、常設展示がある。管理棟は私が在学中の1951年から1955年には農学部として知られていた建物であり、そこに収められているのだ。私の友人ディーン・ロバート・グッドマンの研究室の隣である。

若かりし日々を振り返ると、1951年に私が入学した時、農学専攻の学生たちが柔軟に課程を選択できるようにしてくれた、ラトガース大学にも深く感謝している。これによって、私は学部学生として19の分野にわたる24の科学の課程を履修することができた。常に幅広く学問分野にまたがって世界を見るという、私の長年の習慣の基盤ができたのは、このおかげである。また、私の著書はすべてグローバルな視点から書かれているため、世界中で興味を引くものとなっている。

1956年前半、ラトガース大学を卒業した翌年に、私は幸運にも国際農村青少年交換事業のプログラムに参加する米国の若手農業者10名（男性6名、女性4名）のうちの1人に選ばれた。それは、7月から12月までの6カ月間、インドの村の家族と生活するというプログラムだった。この2国間での若手農業者の交換留学のおかげで、私は自分の未来を形づくることができた。インドの村での生活は、個人的に豊かな学びの経験となり、この交換留学を企画してくれた4―Hファウンデーションにも、インドのホストファミリーにも、生涯にわたって深い感謝の念を抱いている。私がインドへと旅立った後、1956年の晩夏にトマトの収穫を管理してくれた、3歳年下の弟のカールにもとても感謝している。

1959年の秋、私は9年間続けたトマト栽培を後にして、米国農務省の海外農務局で農業分析官として働くことになった。この任用は、将来有望な若い専門家を雇用して海外農務局を構築しようとする取り組みの一環であり、対象者の多くは農業を専攻し、学校を出たばかりの若者だった。同局で働いていたこの期間には、世界情勢分析部（World Analysis Division）のアジア支部長クウェンティン・ウエスト、世界情勢分析部長ウィルヘルム・アンダーソン、経済研究局長ネイト・コフスキー、農務次官ジョン・シュニットカーといった人々と相次いで仕事をした。彼らは私に、以前よりも重い責任を負う機会を局内で数多く設けてくれた。1966年、私は農務長官オーヴィル・フリーマンの海外政策顧問に任命された。当時はまだ国際農業開発局長だったので、二つの常勤の仕事を掛け持ちすることになった。ケネディ大統領—ジョンソン副大統領時代の政府での仕事は、私にとって心躍るやりがいのあるものだった。その理由として特筆すべきは、私たちが開発途上国の農業潜在力を高めるために行った支援で得ることができた成果である。

1968年の大統領選挙でリチャード・ニクソンがヒューバート・ハンフリーを破った後、私は政府の上層部で自分が働く期間もそう長くはないと悟った。1969年1月、リチャード・ニクソンが大統領として宣誓就任する前日、私は政府での役職を二つとも辞任した。ニクソンが政権を握る前日に農務省を去ったのだが、それでも数年後にはニクソンの有名な「政敵リスト」に私の名前が載ってしまった——友人たちには大いにうらやましがられたのだが。このリストに名前が載るということは、最新の納税申告の内容について手厚く審査されるだけでなく、自宅や事務所の鍵をこじ開けられ、侵入されるということでもあった。

1968年の大統領選後、ジェームズ・グラントは、著名人による無党派のグループを結成するように強く促されて、海外開発評議会の立ち上げを進めていたのだが、私にこの冒険的な事業に参加してみないかと声を掛けてくれた。確かに私は世界が直面していた開発に関する難題を十分認識していたし、彼と仕事ができるのも光栄だった。1969年から1974年にかけて、私は同評議会でジムとともに大いに実りある5年間を過ごした。何よりもジムは私に『緑の革命：国際農業問題と経済開発』や『国境なき世界』といった本を自由に執筆する裁量を与えてくれた。後者は、国家間の相互依存の高まりについていち早く記した本である。ランダムハウス社から出版されたこの先駆的な作品は、幅広いメディア報道で大々的に取り上げられた。『ワシントン・ポスト』紙では特集記事を組まれ、確か『アトランティック』誌では同書について率直な討論を行った覚えがある。

1974年、また新たな章が始まろうとしていた。ロックフェラー兄弟基金のウィリアム・ディーテルが50万ドルの助成金を提供してくれたので、私はワールドウォッチ研究所を創設することができた。同研究所は将来を展望する上で、主としてより一般的ではあるが、より視野の狭い経済面のレンズを通して物事を見るのではなく、あらゆる包括的な環境面のレンズを通して見ようとする、初めてのシンクタンクだった。ウィリアムは、シンクタンクの世界では、環境面でギャップがあることを痛感していたのだ。

ワールドウォッチ研究所で活気に満ちた活動を10年間行い、1984年、われわれは再びロックフェラー兄弟基金の支援を受けて、年次刊行物『地球白書』を創刊した。これらの報告書は世界中で熱心に受け入れられ、間もなく20カ国語を超える言語に翻訳された。ほんの数年以内に、しかも組織の規模は小さいにもかかわらず、われわれは世界で最も幅広く引用される研究所となったのである。

26年間ワールドウォッチ研究所でとても活気にあふれ充実した年月を送ったのち、2001年には新たに、より小規模な研究組織であるアースポリシー研究所の創設を決断した。これによって、資金調達を含む私の管理面での負担は軽くなり、そのおかげでさらに長い時間を執筆に充てられるようになった。長年の友人であるロジャーとビッキーのサント夫妻は、アースポリシー研究所の創設のために50万ドルの助成金を惜しみなく提供してくれた。

ワールドウォッチ研究所（1974～2000年）でもアースポリシー研究所（2001～2015年）でも、スタッフは私の活動を大いにサポートしてくれた。ブロンディーン・グレイブリーは、1965年に卒業生総代としてノースカロライナ州の高校を卒業してすぐに、私の活動に参加してくれた。ワールドウォッチ研究所のときも、農務長官オーヴィル・フリーマンの下で働いていたときも、私の管理面でのアシスタントを務めてくれた。後に糖尿病による健康状態の悪化により、彼女は早期に引退せざるを得なくなったが、それまでのおよそ25年間、私たちは緊密に連携しながら仕事をした。

ミシガン州立大学からワシントンにやって来たばかりのリア・ジャニス・カウフマンがブロンディーンの後任となり、物事を円滑に進めてくれた。アースポリシー研究所の副所長および私の管理面での個人的なアシスタントを務め、われわれの世界規模の書籍出版ネットワークをさらに発展させて、ほぼすべての主要言語を網羅しようとする上で中心的な役割を果たしてくれた。国際的な出版ネットワークについてほかの誰よりも責任を持って担当してくれているおかげで、私の本の出版に関しては、今なおそのネットワークが頼りになっている。２０１５年に私がマネジメントから退き、アースポリシー研究所を閉所する直前までのおよそ27年間、私たちは一緒に仕事をした。

本書の執筆を始めるに当たり、デボラ・シェルビーはこの1年間私と共に活動し、リサーチと管理業務の両方を手伝ってくれた。しかし、着任後間もなく、長い間就きたいと願っていた管理職を提示され、それを断ることはできなかった。デボラの後任として、本書に関する業務を途切れることなく進め続ける手助けをしてくれたのは、エリザベス・ブラックウェルだった。私は、彼女が参加して力を貸してくれたことに深く感謝している。エリザベスが自分の事業を始めるために去った後は、ケイトリン・ヒルが参加してくれた。ケイトリンは、翻訳の可能性があるすべての言語で、本書を発行する段階に集中して取り組む際に力を貸してくれた。

ケイトリンの後任として参加してくれたペギー・レディングは、出版にかかわる経験を生かして物事を急ピッチで進め続けてくれた。本書の発行の準備も手伝ってくれている。われわれの目標は、多くの出版社と協力して、できるだけ多くの言語で『カウントダウン ―世界の水が消える時代へ―』を出版することだ。世界中で水の利用可能性に対する懸念が急増しているため、われわれは本書が広く翻訳されると予測している。本書は、初めてグローバルな視点から水に関する展望を分析した書籍なのだ。

近年、さらに幅広いレベルで私の取り組みを見守り調整し、助言をしてくれていたのは、スムルティ・パテルだ。経験豊富なコミュニケーターとしてアドバイスをしてくれた。その上、何といっても医学の学位を取得している。84歳という年齢で仕事をしていると、そばに医学博士がいてくれるのは心強いと彼女には伝えている。

個人的なレベルでは、パートナーであるモーリーン・クワノ・ヒンクルが、40年近くにわたって私をサポートし励ましてくれている。彼女は環境防衛基金をはじめとする環境団体を代表して、環境関連の法律制定のために議会に対してロビー活動をしてきた長年の経験を生かし、原稿の段階で私の著書をより良いものにするための提案に関わってくれている。

前述したように、われわれの54冊の本には、他の言語版と合わせて合計567の版がある。つまり、それらは世界中で広く翻訳され、広く読まれ、頻繁に参照されているということだ。1984年に創刊した年次刊行物『地球白書』は、当初より米国でも海外でも、大学の授業で広く採用されていた。

そして現在われわれは、水不足の拡大と膨れ上がる水移民の流れに関して懸念が高まっていることを鑑みて、急速に悪化している世界の水についての展望に関するこの最新書を、迅速に、なおかつできるだけ多くの言語で出版するために尽力している。初めて地球規模で水の展望を評価した本であり、急速に広がる水不足に起因する多くの新たな難題を、あらゆる場所で政治的指導者がより深く理解し効果的に対処する上で、本書が役に立つことを願っている。

著者経歴（２０１９年3月19日版）

レスター・R・ブラウンは、50年以上前に、「環境的に持続可能な発展」という概念を生み出す先駆者として活躍した。初めてこの問題にかかわったのは、１９５９年から１９６９年までの米国農務省勤務時代であり、その後１９６９年から１９７４年までの海外開発評議会勤務時代にも取り組んだ。１９７４年から２０００年まではワールドウォッチ研究所の創設者兼所長として、基本的に環境というレンズを通して将来を展望した研究者の、先駆けの一人だった。１９８４年には幅広く人気を集めた年次報告書、『地球白書』を刊行し、同書はすぐに20言語以上に翻訳されるようになった。また、『地球環境データブック』と題する年次刊行物も出版した。

２００１年、小規模で非管理型の環境問題の研究機関、アースポリシー研究所を新たに設立し、２０１５年まで所長を務める。同研究所は、環境的に持続可能なグローバル経済を構築する上で、必要な施策を特定し導入させることに力を注いだ。

『ワシントン・ポスト』紙では早くから「世界で最も影響力のある思想家の一人」と評され、『カルカッタ・テレグラフ』紙からは「環境保護運動の第一人者」と称される。1986年には米国議会図書館の依頼により、研究論文が同図書館の所蔵となった。

ブラウンは世界中に読者を持つ。英語で執筆した54冊の著書は、これまでに42もの言語に翻訳され、計657種類もの版で出版されている。つまり過去半世紀にわたって、世界のどこかでいずれかの言語の著書が、平均して毎月ほぼ1冊ずつ出版されていることになる。今や世界で最も広く読まれているノンフィクション作者だと思われる。

各国の中でも、長年ブラウンの著作物に肩入れしてきた日本では、すべての著書が日本語で出版されている。さらに、できるだけ多くの人にブラウンの考えを知ってもらえるようにと、多くの講演が録音されて日本語に翻訳されている。

学歴は多方面にわたる。ラトガース大学で農学、メリーランド大学で経済学、ハーバード大学で行政学の学位を取得している。ラトガース大学を卒業して間もない1956年には、国際農村青少年交換事業の一環で、6カ月間インドの村で生活するという交換事業に参加する米国の青年農業者10人のうちの1人に選ばれた。

また、以下のような数多くの新聞に寄稿している。ワシントン・ポスト、ニューヨーク・タイムズ、ウォール・ストリート・ジャーナル、セントルイス・ポスト・ディスパッチ、ロサンゼルス・タイムズ、サンフランシスコ・クロニクル（以上米国）、朝日新聞（日本）、ダーゲンス・ニュヘテル（スウェーデン）、ディー・ツァイト（ドイツ）、ロンドン・フィナンシャル・タイムズ（英国）、グローブ・アンド・メール（カナダ）、ガーディアン（英国）、インターナショナル・ヘラルド・トリビューン（フランス）、時事通信（日本）、人民日報（中国）、スベンスカ・ダーグブラーデット（スウェーデン）、ロンドン・タイムズ（英国）、読売新聞（日本）。

受賞歴をみると、1987年の国連環境賞、1989年の世界自然保護基金（WWF）ゴールドメダル、1986年のマッカーサー賞など、数々の賞を受賞している。また、1994年には、「地球環境問題解決への特に優れた貢献」に対し、日本のブループラネット賞が贈られた。25の名誉博士号も受けており、米国の大学のほか、東京大学とピサ大学（イタリア）からも授与されている。ほかにも中国では、北京の中国科学院をはじめ、三つの名誉教授職を授けられている。

一族の中で初めて小学校を卒業したブラウンは、母方の祖父セオドア・スミスに深く感謝している。農場主だったドイツ系の祖父は、ブラウンが4歳の時に文字の読み方を教えた。とても幼いうちに文字を覚えて好スタートを切り、むさぼるように本を読んだ。小学校を卒業する頃には図書室の本を年に100冊読んでおり、そのほとんどが伝記や科学、歴史の本だった。高校生になるとスポーツに興味を持つようになり、レスリング部と陸上競技部に所属した。

生まれ育ったニュージャージー州南部の農場では、乳牛の群れを飼っていて、1日2回の搾乳を手搾りで毎日行わなければならなかったため、幼くして体をよく動かす重労働が習慣になった。この毎日働く習慣は85歳の今に至るまで、週7日休むことなく毎日続いている。労働時間はたいてい執筆に費やされ、午前8時に始まり午後1時まで続く。その後に、家に届く新聞（ワシントン・ポスト、ニューヨーク・タイムズ、ウォール・ストリート・ジャーナル）を読む。このほかにも、興味のあるさまざまな分野の雑誌や専門誌の記事を読む。

独立して農業経営を始めたのは1951年、17歳の時だった。14歳の弟カールと家族農場の近くに土地を借り、トマト栽培を始めた。2人が主に使用した農機具は、地元で廃棄された古びたトラクターで、それを修理して使用した。1951年に2万8000本の苗から始まったブラウン兄弟のトマト栽培は急速に拡大し、1959年には28万本になり、米国東海岸で最大規模のトマト栽培農家となった。また、これで新品トラクターも購入できるようになった。トマト栽培経営が拡大するにつれ、比較的小規模の地域の缶詰工場との取引にとどまらず、代わりにキャンベル・スープ・カンパニー社と供給契約を結び、ニュージャージー州カムデンにある同社の加工工場にトマトを納めるようになった。8月上旬から9月中旬までの収穫シーズンのピーク時には、最大20人の労働者を雇ってトマトの収穫を手伝ってもらうほどであった。

トマト栽培に絡む経営へのチャレンジを楽しんでいたが、9年後には、トマトの収穫をただ増やすだけの仕事は、もはや全人生をかけて取り組むこととは思えなくなった。その頃には、地元を離れ、ほかの可能性を切り開きたいという気持ちになっていた。1959年、25歳の時に米国農務省に入省し、海外農務局のアジア支部で農業分析官となった。ここではまず、ミャンマー（旧ビルマ）、タイ、カンボジア、ラオス、ベトナムなど米作地帯諸国の担当となった。しかし、仕事の質が抜きん出ていたことから、担当地域はすぐに拡大し、アジア全域になった。だが、それにとどまらず、1963年の後半には、最初の書籍『人間と土地と食料――世界の食料需要展望（Man, Land and Food: Looking Ahead at World Food Needs）』（日本では未発行）を米国農務省から出版した。同書は20世紀末に向けての世界の穀物需給について、地域別に予測したものである。皮肉なことに、この本の執筆はブラウン独自のアイディアによるもので、農務省の上官が認めた事業計画の中には全く存在していないものだった。それにもかかわらず、原稿が完成すると、農務省は刊行を決定した。同省が刊行しなければ、ブラウンがどこか民間の出版社に持ち込みそうだと知っていたからである。

この書籍に記された1960年から20世紀末までの穀物予測は、当時まだ誰も取り組んだことがなく、世界中の注目を集めた。当時主流のニュース雑誌『USニューズ&ワールド・レポート』は、1963年末に4ページの巻頭特集記事としてこれを取り上げ、世界中の注目を浴びた。1966年に、ブラウンはオービル・フリーマン農務長官の海外政策アドバイザーに任命され、同時に国際農業開発局長も兼務した。国際農業開発局は、技術的な支援を行うために設立されたばかりの組織で、42もの発展途上国に支援を行っていた。ブラウンはまた、ジョン・シュニットカー農務次官にも技術面での支援を提供した。農場でも、それ以降もずっとそうだったが、ここでも週7日働いた。32歳の時には、米国連邦政府の中で最年少局長となっていた。

その後、ブラウンの世界は急変した。1968年11月に、リチャード・ニクソンがヒューバート・ハンフリーを破り大統領に選出されたのだ。1969年1月、リチャード・ニクソンが就任する前日に、ブラウンは局長職を辞任した。結果的にそれは良かった。程なくして、自分の名前がニクソン政権の政敵リストに載っていることを知った。ブラウンと妻のシャーリーは、ニクソンを大統領にさせないためにできる限りのことをしたいと考え、貯金から5000

ドルを民主党の候補であるジョージ・マクガバンの選挙運動に寄付していた。この政敵リストに名前が載るということは、最新の納税申告の内容がご丁寧な審査を受けるとともに、留守中に自宅も事務所も鍵をこじ開けられ侵入されるということを意味した。こうして侵入された際、何かが盗まれたことは一度もなかったが、引き出しがひっくり返され、中身がすっかり床にぶちまけられていたことは何度かあった。こうした行為は威嚇の目的で行われたのだが、効果はなかった。

1969年初頭に、国際開発局の高官を務めたジェームズ・グラントに協力して、第三世界の開発問題に焦点を当てた小さなシンクタンク、海外開発評議会を立ち上げた。そこで働いている間に、いくつかの研究論文に加えて2冊の書籍、『緑の革命――国際農業問題と経済開発』と『国境なき世界』を執筆した。後者は、国家間の相互依存の高まりについて記した先駆的な内容であり、『ワシントン・ポスト』紙と『アトランティック』誌の両者から幅広い関心を引き付けた。

1969年から1974年にかけて、海外開発評議会で開発問題に関する研究と執筆を行い非常に生産的な時期を過ごしたのち、ブラウンはロックフェラー兄弟基金のウィリアム・ディーテルから、自分の研究所を創設することを勧められる。それは、とても幅広い環境というレンズを通して地球の未来を洞察するという点で、ほかにない研究所になることが予想された。さらに、数々のシンクタンクと違って、その活動は経済的評価にとどまらなかった。1974年、ロックフェラー兄弟基金から寛大にも50万ドルの提供を受け、ブラウンはワールドウォッチ研究所を創設した。1984年には、年次刊行物『地球白書』を創刊した。それは瞬く間に世界中の関心を集め、程なくして20カ国語以上で翻訳出版されるようになった。これほど多くの言語で毎年新たに本が出版されたため、ワールドウォッチ研究所は世界で最も頻繁に引用される研究所となったようであった。

ブラウンは、世界中の読者にメッセージを伝える上で書籍が重要な役割を果たすと早くから気づいていた。その理由は簡単で、グローバルな問題を取り扱った書籍に特に関心の高い出版社の、世界的なネットワークがあったからである。それに対して、雑誌や新聞の記事が他の言語に翻訳されることはめったになかった。書籍の執筆に力を注ぐようになったのは、情報や考え方を発信する上で書籍がこのように重要な役割を果たすからである。また、主に執筆から得た知見をもとに、会議や大学での講演活動も頻繁に行った。この50年間で行った講演は、42もの国々で1348回を数える。

また、地元局から世界的な報道機関まで、ラジオやテレビのインタビューを何千回も受けた。

世界的な報道機関の中でも、ボイス・オブ・アメリカ（VOA）やBBCの番組に数多く出演した。海外渡航中、その国に1日くらいしかいられないようなときでさえ、地元のラジオでもテレビでも、いくつもの取材を受けようとすることがよくあった。何十年もの間に蓄積してきた幅広い知識は、報道機関にとって特に魅力的なものだった。

数々の大学でも講演をしている。ゲスト講師としての講演回数が最も多い大学としては、ハーバード大学（14回）、コロンビア大学（10回）、東京大学（9回）、ラトガース大学（8回）、アメリカン大学（7回）、スタンフォード大学（6回）、デニソン大学（6回）、メリーランド大学（5回）、ジョージタウン大学（5回）、英オックスフォード大学（5回）がある。よく講演を行った国は、ベルギー（ブリュッセル、欧州議会）、カナダ、中国、フィンランド、ドイツ、イラン、イタリア、日本、ノルウェー、ルーマニア、スウェーデン、トルコなどである。欧州では、長年の友人であり、欧州でのブラウンの活動の支援者でもあるドイツ人のフランク・シュバルバ・ホッツの手配により、欧州議会などで毎年講演や会見を行った。

母校のラトガース大学（もともとは農学部だったが、現在は環境・生物科学部と呼ばれている）は、2016年11月、「レスター・R・ブラウン著書閲覧室」を開設した。農学キャンパスの管理棟にあり、そのメインフロアをロバート・M・グッドマン学部長と分け合っている。閲覧室には、横に長い壁面が2面あり、1面は本棚に覆われ、前述したように54冊の著書の計657種類の版がすべて揃っている。その向かいには、ニュージャージー州北部の著名な芸術家スーザン・コーエンの手により、見る人を引きつける壁面がつくられ、ブラウンの人生や経歴がまとめられている。閲覧室にはまた、25の名誉博士号と、中国（中国科学院など）から与えられた三つの名誉教授職の証書も収められている。ほかにも数多くの賞を受賞した記念品もここに飾られている。

２０１６年11月、ワシントンＤＣ在住のブラウンは、米国芸術科学アカデミーの会員となった。同アカデミーは、米国建国の父らによる組織が１７８０年に設立したもので、マサチューセッツ州ケンブリッジ市のハーバード大学のキャンパスのすぐ隣にある。ここでブラウンは、トマス・ジェファソン、チャールズ・ダーウィン、ウッドロウ・ウィルソン、ウィンストン・チャーチル、アルバート・アインシュタインといった著名人とともに名を連ねている。

本書に寄せて

枝廣淳子

著者のレスター・R・ブラウン（Lester Russell Brown）は、私にとって、環境問題のみならず人生のメンターであり、同志でもある。その経歴と人となりを少し紹介させていただきたい。

レスターは、1934年に米国ニュージャージー州のトマト農家に生まれた。両親を助け、弟とトマト栽培に精を出し、地区のトマト・ピッキング大会で優勝したこともあると笑う。その後、1956年に国際青年農家交換プログラムに参加して、インドでの農家生活を体験したことが人生の転機になったという。農家出身であること、世界的視野を得たことは、彼のその後の活躍の基盤となったと思われる。

1959年、国際アナリストとして米国農務省の海外農務局に入り、その後、海外の農業政策に関して農務長官の顧問を務めるたのに、1966年、国際農業開発局の局長に任命される。発展途上国42カ国で農務省の技術支援プログラムを実施するなど、取り組みを進めた。

1969年に政府を離れたのち、1974年、ロックフェラー・ブラザーズ基金の支援を得て、ワールドウォッチ研究所を設立。グローバルな視点から地球環境問題の分析と発信を行う、それまでの世界にはなかった研究機関だ。１９８４年から始めた年次刊行物「地球白書」は40以上の言語に翻訳され、世界中で読まれた。２００1年には「意識啓発の局面は終わった」とワールドウォッチ研究所を離れ、アースポリシー研究所を設立、２０１５年にその活動に幕を下ろすまで、持続可能な経済をつくるためのビジョンと指標、ロードマップを示してきた。その精力的で洞察に富んだ活動は、ワシントン・ポスト紙に「世界で最も影響力のある思想家の一人」と評された。日本でも昔から環境問題に取り組んでいる人の多くが、レスターの活動や業績に刺激を受けたと述べている。

私は通訳の仕事をしていた頃、来日するレスターのサポートをさせてもらいつつ、環境問題について、そしてその取り組み方について、直接教えてもらう幸運に恵まれた。私が環境問題に取り組むようになったのは、「レスターみたいな人になりたい！」という思いからだ。その私をレスターはいつも温かく見守り応援してくれている。

あるとき、レスターはこんな話をしてくれた。「僕はプロボクサーだったことがあるんだよ、本当に。15歳くらいで最初の試合に出てね。相手は自分よりずっと大きな青年だった。こっちは緊張してガチガチだったしね。でも結構いけたんだ。それから二試合、全部で三試合やったところで、世界チャンピオンにはなれそうにないことがわかって、やめたけどね。学生時代はレスリング部だった。その後は、つい最近までフットボールをやっていた。いまは時間がなくて観るだけになってしまったけど。昔から格闘技が好きなんだよ、実は」。
「それで今は、世界の環境問題と『格闘』しているのね？」と私が言うと、レスターはにっこりした。

そのレスターが「人生の最後の戦い」として取り組んでいるのが、本書のテーマである「水問題」だ。彼が言うように、水問題はローカルな問題としてローカルで取り扱われてきたが、その世界的な全体像を明らかにしようという取り組みはこれまでそれほど多くなかった。しかし、レスターが本書で示しているように、各国それぞれの水不足の問題をあわせると、実は世界的に非常に危険な領域に入りつつあるのだ。丹念なデータ収集と分析、そして鋭い洞察力があってこその本書は、レスターだからこそ書けた本ではないかと思う。

本書には恐ろしいまでの水不足の状況や見通しを抱える数多くの国が登場するが、幸い、日本はそういった国の中には入っていない。九州などで局地的・季節的な水不足が問題となることはあっても、モンスーン地方に位置する日本は降雨量も多く、「水不足のために村を捨てなくてはならない」といった他国の状況はピンとこない人が多いだろう。

しかし、日本も「大きな水問題」を抱えている。それは、「バーチャル・ウォーター」の問題だ。日本は大量の食料を海外から輸入している。その農作物や畜産物を生産するとき、生産国ではそのために水を使っている。農業も畜産も水なしにはできない。たとえば、1キログラムのトウモロコシを生産するには、灌漑用水として1800リットルの水が必要だ。牛肉はどうだろう？　牛はトウモロコシのように大量の水で生産された穀物を大量に消費しながら育つため、牛肉1キログラムを生産するには、約20000倍、つまり、20トンもの水が使われている。つまり、あなたの好きな牛丼にのっている100グラムの輸入牛肉をつくるために、2トンの水が他国で使われているのだ。

レスターは、「水を輸入する最も効率的なやり方は、食料を輸入することだ」という。日本のカロリーベースの食料自給率は40％程度なので、私たち日本人は他国の水に頼って生きているともいえる。本書に出てくる他国の水不足問題は、私たちと無関係ではないのだ。

そして、食料だけではない。綿の栽培にも膨大な水が必要だ。輸入した綿製品を使うことも、生産国の水をいただいていることになる。2005年に、海外から日本に輸入されたバーチャルウォーターの量は、約800億立方メートル。このバーチャルウォーター量は、日本国内で使われている年間水使用量と同程度だという。私たちは国内で使っている水量と同じだけ、他国の水量を使わせてもらっているのである。果たして、これは世界にとって、そして日本にとって、持続可能なのだろうか？

そう考えると、本書に出てくる他国の水状況や水危機は、他人事ではなくなる。私たち一人ひとりが、どのように水問題や自分の水との付き合い方に向き合うか、が肝要なのだ。

レスターは昔から日本が好きで、現役時代は来日しなかった年はないほどだ。その大好きな日本の私たちの意識と行動を変えるために本書が役に立つとしたら、この上なく喜ぶだろう。

レスターの（おそらく）人生最後の戦いである「水問題」、私たちもしっかりと受けとめて考えていきたい。

参考文献

第１章　世界の水不足の広がり

AQUASTAT, Food and Agriculture Organization of the United Nations Global Water Information System, at www.fao.org/nr/water/aquastat/main/index.stm.

Circle of Blue, at www.circleofblue.org

European Commission, Joint Research Centre (JRC). "Mapping long-term global surface water occurrence." ScienceDaily. ScienceDaily, 8 December 2016.

×Grace Tellis, at www.grace.jpl.nasa.gov/applications/groundwater/

Groundwater Foundation, *at www.groundwater.org*

Groundwater resources around the world could be depleted by 2050s, at www.phys.org/news/2016-12-groundwater-resources-world-depleted-2050s.html

Ian James and Steve Elfers, *Pumped Dry The Global Crisis of Vanishing Groundwater,* at www.desertsun.com/pages/interactives/groundwater/

International Water Management Institute, at www.iwmi.cgiar.org

Crop Irrigation Is Closely Tied to Groundwater Depletion Around the World, at https://www.youtube.com/watch?v=p8PsXPnnYuw

UN Water, the UN-Water is the United Nations inter-agency coordination mechanism for all freshwater related issues, including sanitation, at http://www.unwater.org/home/en/

Water 2017, at water2017.org

Water Polls, at www.waterpolls.org
When the Well Runs Dry: The Slow Train Wreck of Global Water Scarcity, by Roger Patrick, American Water Works Association, March 2015

Where has all the water gone? by Yasmin Siddiqui, Project Syndicate March 2017

World Resources Institute Aqueduct, at www.wri.org/our-work/project/aqueduct

World Water Council, at www.worldwatercouncil.org

×*World Bank Water Blog,* at www.blogs.worldbank.org/water/

第２章　干上がりつつある中国

Asia Development Bank, Addressing Water Security in the People's Republic of China:

The 13th Five-Year Plan (2016-2020) and Beyond, at https://www.adb.org/documents/addressing-water-security-prc

China Dialogue, at https://www.chinadialogue.net/

China Water Risk, at http://chinawaterrisk.org/

China Water Stress is on the Rise, at http://www.wri.org/blog/2017/01/chinas-waterstress-rise

第３章　インドー地下水位の低下、ほぼすべての州で進行ー

2030 Water Resources Group. at *https://www.2030wrg.org/india-new/*

Invisible water, visible impact: groundwater use and Indian agriculture under climate change Esha Zaveri et al 2016 Environ. Res. Lett. 11 084005

3 Maps Explain India's Growing Water Risk, at http://www.wri.org/blog/2015/02/3-maps-explain-india's-growing-water-risks

第４章　減少しつつある米国の水資源

US Drought Monitor, at www.droughtmonitor.unl.edu

USDA National Resources Conservation Service Ogallala Aquifer Initiative, at www.nrcs.usda.gov/wps/portal/nrcs/detailfull/national/programs/initiatives/?cid=stelprdb1048809

USGS Groundwater Information, at water.usgs.gov/ogw/aquiferbasics/

Water Deeply, at www.newsdeeply.com/water

第５章　パキスタンー崖っぷちの国ー

Development Advocate Pakistan, Maheen Hassan, Editor, United Nations Development Program Pakistan, December 2016

Michael Kugelman on Pakistan's "Nightmare" Water Scenario, at https://www.newsecuritybeat.org/2017/05/michael-kugelman-pakistans-nightmare-waterscenario/

The Perils of Denial: Challenges for a Water-Secure Pakistan, at https://www.newsecuritybeat.org/2017/08/perils-denial-challenges-water-secure-pakistan/

The Third Pole, at https://www.thethirdpole.net/

第6章　イランー干上がった土地ー

Iran's Water Crisis, at http://www.aljazeera.com/programmes/peopleandpower/2016/11/iran-water-crisis-161109114752047.html

Iran's Water Crisis Reaches Critical Levels, at http://www.al-monitor.com/pulse/originals/2015/05/iran-water-crisis.html

×*Financial Tribune, coverage on the environment, at https://financialtribune.com/iranenvironment-news*

第7章　穀物収穫量が減少しているアラブ世界

Saudi Arabia Ends Domestic Wheat Production, at http://www.world-grain.com/articles/news_home/World_Grain_News/2016/03/Saudi_Arabia_ends_domestic_whe.aspx?ID=%7B50E0E390-7C3F-46A6-B832-54EA58F140B2%7D&cck+1

×Water Insecurity, Climate Change and Governance in the Arab World by Scott Greenwood, at http://www.mepc.org/water-insecurity-climate-change-and-governancearab-world

Middle East Facing Huge Challenges, at http://www.world-grain.com/articles/news_home/Features/2016/08/Middle_East_facing_huge_challe.aspx?ID=%7B0A099CE7-905B-41DA-BDF8-C3602695B1C3%7D

A Saudi Water Crisis Lurks Beneath the Surface, at https://worldview.stratfor.com/article/saudi-water-crisis-lurks-beneath-surface

第8章　ナイル川が干上がるとき

Egypt's Water Crisis - Recipe for Disaster EcoMENA, at http://www.ecomena.org/egypt-water/

Egypt May Face Fresh Water Shortage by 2025, at http://www.egyptindependent.com/egypt-may-face-fresh-water-shortage-2025/

Geological Society of America. "Looming crisis of the much decreased fresh-water supply to Egypt's Nile delta." ScienceDaily. ScienceDaily, 13 March 2017.

How Egypt plans to address its growing water crisis, at http://www.al-monitor.com/pulse/originals/2016/06/egypt-crops-water-crisis-state-emergency.html

第9章　帯水層の枯渇ー世界の現状ー

The Pacific Institute, resources on water conflict, www.worldwater.org/water-conflict/

The World Will Soon Be at War Over Water, at http://www.newsweek.com/2015/05/01/world-will-soon-be-war-over-water-324328.html

The Global Food Security Index, at http://foodsecurityindex.eiu.com/

第 10 章　地球の砂漠化

United Nations Convention to Combat Desertification, at www2.unccd.int/

World Meteorological Organization Sand and Dust Storm Warning Advisory and Assessment System (SDS-WAS), at https://public.wmo.int/en/resources/library/sandand-dust-storm-warning-advisory-and-assessment-system-sds-was-science-and

World Meteorological Association Sand and Dust Storms, at www.https:// public.wmo.int/en/our-mandate/focus-areas/environment/sand-and-dust-storm

第 11 章　水不足と食料安全保障

FAO: Did you know? Fact and figures about irrigation, at www.fao.org/nr/water/aquastat/didyouknow/index3.stm

FAO: Did you know? Facts and figures about Water Withdrawal: http://www.fao.org/nr/water/aquastat/didyouknow/index2.stm

NASA/Goddard Space Flight Center. "11 percent of disappearing groundwater used to grow internationally traded food." ScienceDaily. ScienceDaily, 29 March 2017.

The Future of food and agriculture - Trends and challenges, FAO, Rome 2017

×United States Department of Agriculture: Production, Supply, and Distribution Online, at www.apps.fas.usda.gov/psdonline

United States Department of Agriculture,World Agricultural Supply and Demand Estimates (WASDE) Reports, at https://www.usda.gov/oce/commodity/wasde/

UN FAO Stat, at www.fao.org/faostat/en/#home

第 12 章　人類を救うことはできるのか

×High and Dry: Climate Change, Water, and the Economy, World Bank Group, www.worldbank.org/en/topic/water/publication/high-and-dry-climate-change-water-andthe-economy

Sierra Club, Beyond Coal, at content.sierraclub.org/coal

Water Footprint, at www.waterfootprint.org/en/water-footprint/

【著者】
レスター・R・ブラウン　Lester R. Brown

1934年、アメリカのニュージャージー州に生まれる。1955年ラトガース大学で農業科学の学位を取得後、インドの農村に6カ月滞在する。1959年、農務省に入省し国際農業開発局長を務める。1974年、地球環境問題に取り組むワールドウォッチ研究所を設立、1984年に年次刊行物『地球白書』を創刊。2001年5月、アースポリシー研究所を創設して所長となる。2015年に引退（アースポリシー研究所も閉所。ただし、ウェブサイトはアーカイブとして閲覧可能。ウェブサイトの維持管理は母校のラトガーズ大学）。現在も、世界の環境問題について警鐘を鳴らし続けている。主な著書に『地球に残された時間:80億人を希望に導く最終処方箋』（ダイヤモンド社）、『プランB4.0』（ワールドウォッチジャパン）など。

【監訳者】
枝廣淳子

環境ジャーナリスト、翻訳家、大学院大学至善館教授、幸せ経済社会研究所所長。東京大学大学院教育心理学専攻修士課程修了。レスター・R・ブラウンやアル・ゴアの著書の翻訳をはじめ、環境・エネルギー問題に関する講演、執筆、異業種勉強会等の活動を通じ地球環境の現状や国内外の動きを発信。幸福度、レジリエンス（しなやかな強さ）を高めるための考え方や事例を研究。「伝えること」で変化を創り、「つながり」と「対話」でしなやかに強く、幸せな未来の共創を目指す。著訳書に『大転換―新しいエネルギー経済のかたち』『不都合な真実』『成長の限界 人類の選択』『レジリエンスとは何か』『プラスチック汚染とは何か』ほか多数。

カウントダウン—世界の水が消える時代へ

2020年8月1日　初版発行

著者／レスター・R・ブラウン
監訳／枝廣淳子
翻訳者／　佐藤千鶴子（プロジェクトリーダー、チェッカー）
五頭美知（序章、第1章、第12章）　江上由希子（第2章、第8章）
井上直美（第3章）　水野裕紀子（第4章、第5章）
三好敦子（第6章、第7章）　山本香（第9章、第10章）
小塚淳子（第11章）
カバー・本文デザイン／（株）クリエイティブ・コンセプト
発行人／岸上祐子
発行所／株式会社　海象社
〒103-0016　東京都中央区日本橋小網町8-2
TEL：03-6403-0902　FAX：03-6868-4061
https://www.kaizosha.co.jp/
振替　00170-1-90145
印刷／モリモト印刷株式会社

ISBN 978-4-907717-64-3　C0036